JN097756

私の顔は
どうしてこうなのか

骨から読み解く日本人のルーツ

溝口優司

国立科学博物館前人類研究部長

山と溪谷社

はじめに

海外旅行に行って街を歩いているときに、日本人とすれ違うと「あ、日本人だ」となぜだかわかります。会ったことのない知らない人なのに、なんとなく「日本人っぽいな」とわかるのです。それは、日本人は日本人っぽい顔をしているから。

でも、日本人は、どうしてこのように日本人っぽい顔をしているのでしょうか。

どうして、日本人の顔と欧米人の顔は違うのでしょうか。

どうして、世界にはいろいろな顔つきをした人たちがいるのでしょうか。

よくよく考えると、不思議に思いませんか？


今、世の中には、顔に関する本や雑誌、広告、顔を彩る化粧品や装飾品などが満ち溢れています。一重まぶたをくっきりした二重にしたい、鼻をもうちょっと高くしたい、なんて話もしばしば耳にします。

どうしてそんなにも顔が気になるのでしょうか。

それは、顔が情報発信の基地だからです。

まだ人類が石器を使って狩りをしていた頃から、顔を通じてお互いの状況や感情を理解し、協力しながら集団として生きてきました。たとえば、岩陰にライオンがいることを知らせる仲間の引きつった表情を理解できない人は、ライオンに食べられて命を落としたかもしれません。

また、人類は仲間と一緒に集団で狩りをしてきましたが、このときにも仲間の表情や言葉を理解できなかった人はうまく協力できず、分け前をもらえなくて死んでしまったかもしれません。そうなれば当然、子どもは残せません。

つまり、顔に関心のない人の遺伝子は、人類の集団から消失してしまうわけです。逆にいうと、今生きている人たちはすべて顔に関心があり、表情や言葉を理解できる人たちの子孫ということになります。

人類の進化を考えると、顔に関心があるのは当たり前、顔に化粧品を塗りたくって他人の関心を引こうとするのも当たり前、なのです。

私は、「私たち人類がどうして今のような姿かたち、顔かたちをして存在しているのか」ということを明らかにするために、世界中で発掘された人骨をもとに研究を続けてきました。学生時代に人類学の道を志してから、今に至るまでに、自分でも何百体かの人骨標本を計測し、他の研究者によって報告された世界中の計測値データもできうる限り収集してきました。国立科学博物館を定年退職した今でも、細々とではありますが、研究は続けています。

この本で私がいちばん伝えたいことは、あなたの顔がそういう顔になっているのは偶然ではなく、ある理由があってそうなっているのだ、という証拠です。

顔かたちの違いが生まれる原因については、これまでにもさまざまに言われてきました。そのなかには単なる思いつきや、もっともらしい仮説もたくさん含まれていました。しかし、きちんとその証拠を示した研究は、あまりありませんでした。

この本では、私たちホモ・サピエンス（私たち人類が属する種のことです）の顔かたちと、気温など環境要因との関係について行われてきた最近の分析結果を紹介します。顔かたちがいかに環境によって左右されながら形成されてきたのか、その形成の歴史を一緒にたどっていきましょう。

そして、できれば、単に自然法則に従ってつくられた顔かたちに対して、どうして私たちは美醜や好き嫌いを感じ、憧れや劣等感を抱くのか、その理由をご自身で考えていただければと思います。

はじめに …… 2

1章 こうして私たちは「顔」をもった …… 11

なぜ私たちの顔や体は左右対称なのか …… 12
外見は左右対称なのに中身は非対称の理由 …… 16
口、目・鼻、そして耳の出現 …… 19
サルが「サルの顔」になったのは …… 23
コラム　サルの顔、毛で覆われていないのはなぜ？ …… 28

2章 アジア人はなぜベビーフェイスなのか …… 31

サルからヒトへ、進化の旅 …… 32
猿人、原人、新人と顔はどう変わったのか …… 35
極寒の北アジアに住む人々の平坦な顔 …… 37
北欧人はなぜ鼻が高いのか …… 41
幼児の特徴をもちながら大人になる「幼形成熟」 …… 44
「幼形成熟」で寒冷地適応した？ …… 48

3章　赤ちゃんをかわいいと思うわけ……53
子どもから大人へ、顔かたちはどう変わる?……54
赤ちゃんの顔かたちと「育児をしたい」遺伝子……55
生後数日で母親の顔が好きになる……60
4章　ホモ・サピエンスの顔かたちの多様性……63
人類は皆「サル目・ヒト科・ヒト属・ヒト(種)」……64
男女の顔かたちの違い……68
顔かたちの地域間の違い……71
長い頭から丸い頭へ……75
頭の形を決めるのは何か……81
頭の形は生まれもったものなのか……84
頭の骨と体の骨に関係はあるのか……88
噛む力と頭の形……94
顔かたちを支配する遺伝子……96
コラム　自分以外はすべて「環境」……100

5章 顔かたちの違いは偶然か、それとも必然か …… 103

環境が顔かたちをつくる …… 104
環境が歯の形もつくる …… 107
奥歯の出っ張りにかかわる生活様式とは …… 114
顔かたちの違いには必然的な理由があるのか …… 118
やはり顔かたちの違いは偶然ではない …… 120

コラム　物理的にも骨の形には必然的な理由がある …… 124

6章 日本人の顔かたちの特徴 …… 125

北アジア人と東南アジア人の顔かたち …… 126
北中国人と南中国人の顔かたち …… 129
朝鮮人と日本人の顔かたち …… 130
日本人のなかでの顔かたちの違い …… 131

7章　日本人のルーツ …… 135
180年以上も論じ続けられている「日本人の起源」 …… 136
日本人はどうやって日本列島にたどり着いたのか …… 140
旧石器時代から縄文時代、弥生時代へ …… 144
縄文人と弥生人の顔かたちの違い …… 147
縄文人の祖先を探る …… 150
ルーツ探しの旅はまだ続く …… 156

8章　違っていることの重要性 …… 159
「違い」に善悪も美醜もない …… 160
生物が生物たる、最も重要な特徴とは …… 162
生物にはさまざまなレベルがある …… 164
集団を存続させるのは、多様性 …… 167
自己保存にこだわる遺伝子 …… 171
愛も差別も「遺伝子の自己保存」の延長線上にある …… 176
差別なき世界が訪れるのは、人類共通の敵が現れたときしかないのか …… 178

おわりに――さらなる謎に向けて …… 185

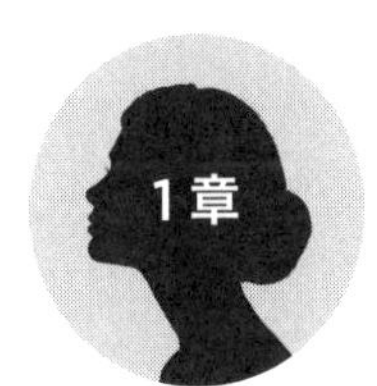

こうして私たちは「顔」をもった

なぜ私たちの顔や体は左右対称なのか

日本人の顔について、あるいはホモ・サピエンスの顔かたちの違いについて考える前に、そもそも「顔」というものがどうやってできたのか、考えていきましょう。私たち人間は、いえ、人間だけでなくイヌもネコもゾウもアリも、顔と呼ばれるものをもっています。頭部の前面、目、口、鼻などのある部分を顔と呼ぶわけですが、みなさんは、どうして顔という場所にだけ感覚器官が集中しているのか、不思議に思ったことはありませんか。目は光を、耳は音を、鼻は匂いを、口の中の舌は味を感じる感覚器官です。これらの感覚器官が、顔という場所1カ所に集まっていることには、実は深いわけがあります。

私たち人類も、他の生物と同じように、一つの細胞だけからできている単細胞生物から進化して生じたことはみなさんご存じでしょう。この進化の結果、いろいろな動植物が現れました。

私たちヒトは、魚やカエル、トカゲ、鳥、イヌやネコなどと同じく背骨をもつ動物で、

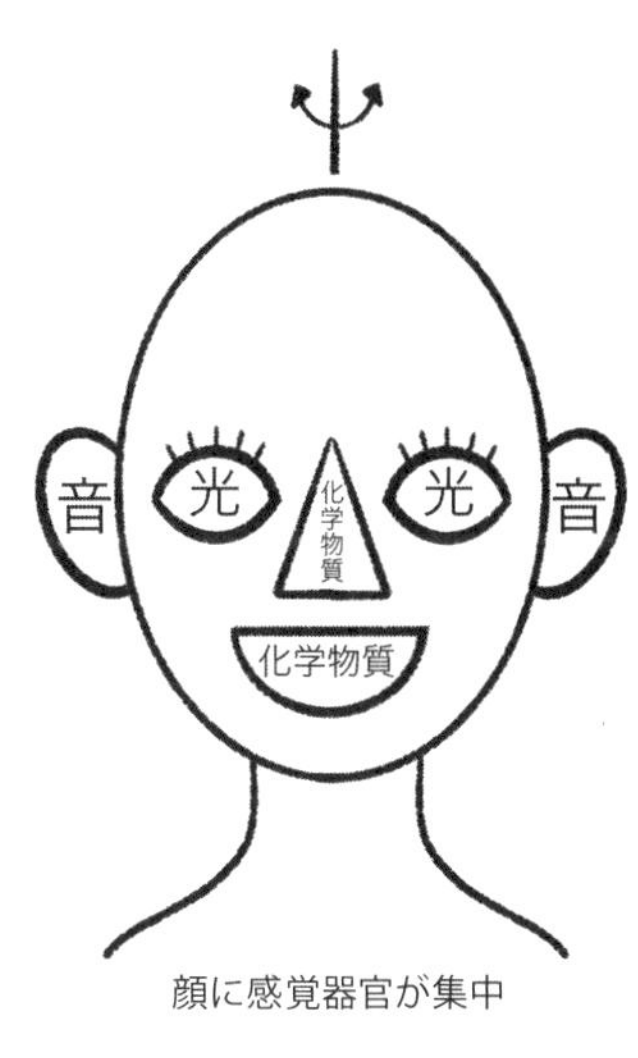

顔に感覚器官が集中

脊椎動物と呼ばれています。この脊椎動物が、感覚器官の集まった顔と呼ばれる部位をもつようになった理由は、体の左右対称性と直進移動運動に深く関係しています。

まずは、左右対称性について考えてみましょう。

顔も含めて、私たちの体の形が左右対称になっていることは、誰でも知っていることです。鼻は顔の真ん中にあり、目や耳は左右に一つずつあります。右手と左手、右足と左足と、体も左右対称にできています。

でも、これは体の外形に限ったこと。ヒトの心臓や肺、胃、腸など、内臓の形や位置は非対称であることも、よく知られた事実です。

では、なぜ体の外形だけが左右対称なのでしょうか。

放射相称（ミズクラゲ）

どのようにして脊椎動物の外形が左右対称になっていったのかは、まだ明確にはなっておらず定説はありませんが、代表的な仮説として、次のようなシナリオがあります。

まず、水の中にすむ単細胞の生物が海綿のような多細胞生物になりました。彼らは体の下の部分で岩にくっつき、体の表面にある多数の小さな孔から食物を取り込み、消化できない残りカスは体の上方にある大きな孔から水と一緒に吐き出していました。

このような生物の一部が、次の進化段階で横倒しになって這うようになり、積極的に食物を探して移動しはじめたのです。

岩の上にはりついていた時代の体は「放射相

称」といって、上下の区別はあっても前後左右の区別はない形でした。いわばビンのような形です。ビンには上と下はありますが、前も後ろも右も左もありません。

ところが、ビンのような形をして岩にはりついていた生物が進化し、這うようになると、もとの「上」と「下」は新たに「前」と「後ろ」になり、上にあった大きな孔は前にきて「口」になったのです。さらに重力によって新たな上と下もできたので、自ずと左右も決まることになりました。

このシナリオでは、何の理由も示さずに、ビンのような形をした動物が横倒しになったときに、あっさりと上にあった孔が前にきて口になった、としています。でも、動物の口がどの方向に生ずるのかは、脊椎動物がどのようにできあがったのかという問題と同じくらいに大きな問題だと言う研究者もいるほど重要です。なぜそうなったのかはさらに検討する必要があります。

しかし、最初に口が進行方向側に生じたのか、逆の側に生じたのかはさておき、また、口のあるほうを前と呼ぶのか進行方向側を前と呼ぶのかという問題もさておき、エサを競い合うような同じ種類の動物同士であれば、体の進行方向側に口があるほうが、エサをより早く取ることができるという点で確実に有利です。そのため、魚をはじめ、多くの泳ぐ脊椎動物は進行方向側に口をもつことになったに違いありません。

外見は左右対称なのに中身は非対称の理由

さて、次は「なぜヒトの体の外形は左右対称で内臓は非対称なのか」という問題について考えていきたいのですが、その前に、「ヒト」という言葉について少し説明をさせてください。

すでに何度か登場しているように、この本では「ヒト」というカタカナの言葉をよく使います。これは漢字の「人」や「人間」とは少し意味合いが異なり、学名であるラテン語の「ホモ・サピエンス」に対応する和名です。純粋に生物としての現代人（あるいは新人）のことを意味しています。

これに対して、「人」や「人間」は、多くの場合、「ヒト」に社会的・文化的性格を加味したような場合、つまりは私たちのふつうの社会における現代人を意味する場合に使います。「人類」も「ヒト」と同じような使い方をしますが、現代人（新人）だけでなく、大昔のヒトの祖先も含めて説明したいときなどに使います。こうした違いがあることを、頭の片隅に留めておいてください。

さて、なぜヒトの体の外形は左右対称で内臓は非対称なのかという話に戻りましょう。

これについては、初期の左右対称動物の場合は、体の外形だけでなく内臓も単純に左右対称だったといわれています。それが、脊椎動物の進化の過程で、内臓の形や大きさ、働きが複雑に変化し、限られた体の中の空間を有効に使わざるを得なくなったので、形や配置が左右非対称になっていったという考えが一般的です。

この進化過程を再現することは難しいのですが、1993年にT・ヨコヤマらが内臓逆位（臓器の位置が左右逆になること）を引き起こす遺伝子を初めて発見したとき、世界は大変驚きました。その後、受精卵から大人になるまでに左右非対称な内臓がどのようにつくられるのかというカラクリは少しずつ明らかにされています。

ここで、また新たな疑問が生じます。もともとは左右対称だった内臓が複雑に変化するなかで左右非対称になっていったとすると、なぜ、ヒトなど哺乳類の内臓は、限られた体内の空間に押し込められなければいけなかったのでしょうか。

これは、体の外形が変化してはいけない理由があったことと関係しています。複雑に変化した内臓を左右非対称に押し込めてでも、体の外形を高度な左右対称に保たなければいけなかった、その理由です。

何らかの原因で左右対称な動物がいったん生まれたとしても、そういう動物に不利な環境が続けば、もとに戻ったり、非対称になったりすることは、生物の進化の歴史を見れば、十分にあり得ることです。しかし、脊椎動物は魚の時代から今日まで左右対称の外形を維持してきました。

この「維持されている」という事実が、つまりは長い時間が過ぎても変わらない特徴であること自体が、左右対称であることが脊椎動物の生存にとって非常に重要であった証拠です。私たちの遠い祖先、たとえば魚のように水の中で生きていた時代でも、陸に上がった八虫類以降の時代でも、直進移動運動をするときに、左右非対称の姿かたちをもつものよりも左右対称の姿かたちをもつもののほうが、より早くエサに到達することができ、敵や毒などの有害なものから、より速く逃げることができるという点で重要だったに違いありません。

口、目・鼻、そして耳の出現

これまで説明してきたように、顔と呼ばれる部位に初めから目や鼻、口、耳があったわけではありません。すべては、移動して食物を取るようになったときに体の進行方向側に口ができた、あるいは口のあるほうが進行方向側になったことからはじまりました。

脊椎動物の顔のつくられ方についてはいまだにわからないことがたくさんありますが、一般には、脊椎動物全体の祖先は現代にも生息するナメクジウオのような動物だったのだろうといわれています。

ナメクジウオという名前ですが、あの軟体動物のナメクジとはまったく異なります。ナ

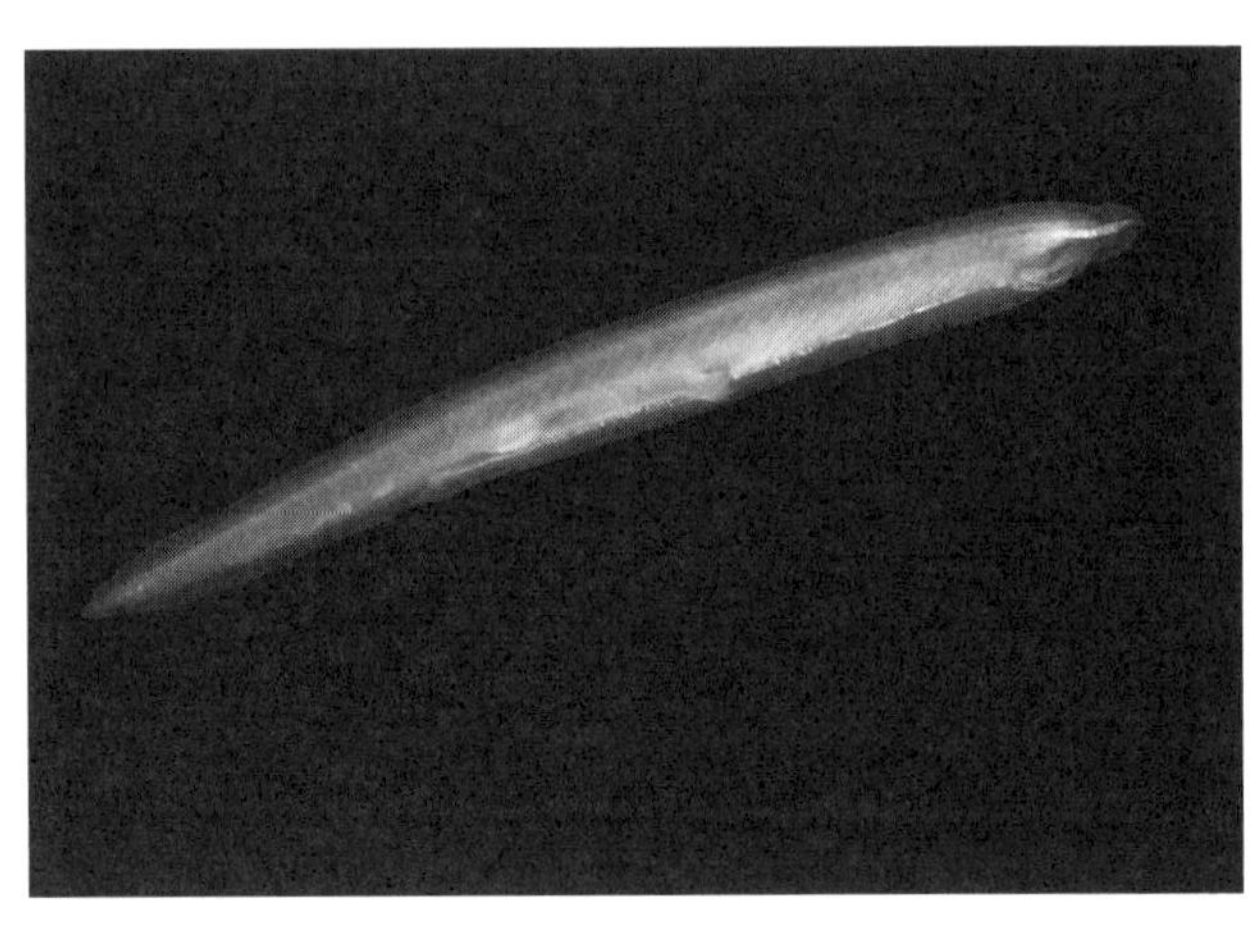

ニシナメクジウオ

メクジウオは「頭索動物」という種類の動物で、1774年に初めて発見されました。このとき、乾燥標本だったためにナメクジの一種と勘違いされたことが、その名の由来といわれています。

ナメクジウオは体長2〜8㎝の半透明の棒のような動物で、ほとんど海底の砂の中で生活しています。体の前端部に、口のほかに光を感じる部分がありますが、目といえるようなものはありません。

最近の研究では、ナメクジウオ類は脊椎動物の姉妹群とみなす立場が主流のようです。もしもナメクジウオと脊椎動物の共通の祖先も、ナメクジウオと同じような動物であったなら、口があるだけで、まだ頭や顔と呼べるような構造

無顎類（プテラスピスの想像図）

物はなかったことになります。

はっきりとした脊椎動物が登場するのは、約5億年前の「無顎類」と呼ばれる小型の魚類が最初です。

彼らは体の前端に口をもっていましたが、名前のとおり、顎はありませんでした。おそらくエサは口から入り、噛み砕くことはなく、そのままただ消化するだけだったのでしょう。しかし、口のまわりにはすでに二つの目と鼻もあり、その近くには脳もできていました。そのため、より効率的にエサを探すことができたはずです。

この無顎類から、上下の顎や歯をもつサメやエイのような軟骨魚類（体のすべての骨が弾力性のある軟骨でできている魚）へと進化し、エサを顎でくわえたり、かじったりと、効率的な捕食ができるようになりました。さらに、シーラカンス（胸ビレ・腹ビレなどにはウロコで覆われた筋肉質の基部がある）のような硬骨魚類の段階を経て、カエルやイモリのような両生類へ進化していきました。

両生類になると、中耳も頭の内側につくられ、音を聞くことができるようになりました。そして次の進化の段階のトカゲやヘビなどのようなハ虫類になると首ができ、体を動かさなくても周囲を見回すことができるようになったのです。そのおかげで、エサを探すことや危険を避けることがかなり簡単にできるようになったに違いありません。

しかし、この段階ではまだ、集音器である、頭部から飛び出した、いわゆる耳（耳介）はもっていませんでした。耳は、次の哺乳類の段階になって、ようやくできたのです。

このように、私たちヒトも含む哺乳類の顔は、進化の過程のなかで、口のまわりに感覚器官が一つずつ付け加わることによってできあがりました。今のような目・鼻・口・耳をもった顔が、生物の誕生の初めからあったわけでは決してありません。

この事実をどう解釈したらいいのでしょうか。

おそらく、直進移動運動をするようになったときに、体の進行方向側にある口のまわりにいろいろな感覚器官が備わっていれば、食物を仲間よりも早く感知し、食べることができたので、生存に有利だったのでしょう。その結果として、口のまわりに目・鼻・耳という感覚器官が備わったものだけが生き残ったのではないか、と考えられます。

サルが「サルの顔」になったのは

せっかく哺乳類の顔の話にまで及んだので、もう一歩進んで、私たちヒトも含めたサル類とそれ以外の哺乳類の顔の違いについてもお話ししましょう。

哺乳類の祖先（正確ではありませんが、身近な動物でいえば、ネズミとかリスのような小さな動物を思い浮かべてください）が、その後、いろいろな環境に適応しながら進化した結果、いろいろな動物がそれぞれ異なる顔をもっているように、さまざまな顔ができあがりました。しかし、ここでは代表としてイヌやウマなどをイメージしてください。一方、サルにもいろいろなサルがいますが、身近なニホンザルやチンパンジーなどを思い浮かべていただければよいでしょう。

イヌやウマなど四つ足の哺乳類の顔と、ニホンザルやチンパンジーなどサル類の顔を比べたときにどこがいちばん違うのかというと、一般に指摘されるのは、サル以外の哺乳類では鼻（嗅覚）がものすごく発達しているのに比べて、サルは、嗅覚はそれほど鋭くない代わりに両目が正面を向いていて常に立体視が可能になっている、という点です。

イヌにしてもウマにしても、サルに比べて鼻面がとても長くなっています。哺乳類は総じて食肉獣に追われる立場なので、匂いを感じて素早く逃げなければいけません。だから、嗅覚の動物と言ってもいいほど、鼻が大切なもので発達しています。

目はというと、特にウマやシカなど速く走る哺乳類は、顔の横側についています。そのため、両目の視野が重なる部分は前方の限られた領域しかありませんが、ぐるりと後ろのほうまで見えます。こうした特徴は、匂いを感じて走って逃げるという彼らの行動に適しています。というよりも、ウマやシカなどのなかで、たまたまこうした特徴をもったものが生き残ったということでしょう。

一方、サルの両目の視野はほとんどすべての領域で重なっていて、常に立体視ができる状態になっています。これは、サルの祖先が樹の上の生活に適応したことによって生じた特徴です。

立体視によって正確に前後方向の距離感を得られなければ、枝から枝へ飛び移ることはできません。木から落ちて、いろいろと不都合なことが起きたに違いありません。左右の目が両方とも前方を向くという特徴は、サルの生存にとってとても大切なことだったからこそ、受け継がれてきたのです。

その代わり、嗅覚は相対的にそんなに重要ではなくなったので、小さくなる方向に進化しました。一般には「鼻が退化した」といわれますが、私は、退化と呼ぶことには違和感を覚えます。そもそも大きくなることがよいことで、小さくなることが悪いわけではありません。樹上生活をするようになったサルにとって、嗅覚が必要なくなったから鼻が小さくなったわけではなく、目がよくて立体視ができるもののほうが生き残れたため、たまたま持ち合わせた身体的資源の範囲内で立体視ができる構造が発達し、代わりに鼻は小さくなり嗅覚が鈍化したわけで、それもまた総合的には進化なのです。

いずれにしても、祖先が樹の上で生活するようになったことで、サルはサルの顔になっていきました。ヒトも、今から1000万〜700万年前にサルの仲間から進化してきたと考えられていますので、サル類に共通する特徴をもっていても不思議ではありません。

１章のまとめ

私たち生物は、目・耳・鼻・口が集まった「顔」を
最初からもっていたわけではない。
進化の過程で、「顔」を手に入れた。
そして、ウマはウマの、
サルはサルの生態や行動に適した
顔になっていった。

コラム

サルの顔、毛で覆われていないのはなぜ？

1章の最後に、イヌやウマなどサル以外の哺乳類と、ニホンザルやチンパンジーなどサル類の顔の違いについて書きました。関連して、こんな質問を受けたことがあります。

「イヌやウマなどの哺乳類は顔も毛で覆われています。でも、サルは、顔の部分には毛が生えていません。なぜなのでしょう？」と。

人類学を生業にしてきた私は、ヒトのことにしか着目していなかったのですが、言われてみれば、ニホンザルもチンパンジーも体は毛で覆われているものの、顔の部分はツルンとむき出しになっています。でも、原猿類と呼ばれる原始的なサルのなかには顔全体に毛が生えているものもいるようです。真猿類という、サルのなかでもヒトに近いサルほど、顔に毛がなくなります。

なぜ、サルは顔がむき出しになったのでしょうか。相手の表情、顔色からいろいろな情報を読み取るためという説はありますが、どこまで証明されているのかはわかりません。

ただ、毛の問題はおもしろく、たとえばヒトの髪の毛も興味深いのです。髪の毛は、古いものが抜け落ち、新しいものが生え、絶えず生え変わっています。新陳代謝をするなかで、髪の毛は重金属などの排泄器官としての役割も担っています。

ところが、男性の場合、ヒゲは濃いのに髪の毛は薄くなっていく人は多いものです。同じ毛なのに、不思議に思いませんか。本当のところはよくわかりませんが、髪の毛がなくなると有害なものの排泄が十分にできなくなってしまうので、その代わりにヒゲが濃くなるのではないか、という説もあるようです。

さらにいえば、毛にまつわる話で、人類学でいちばん話題にのぼるのは、体毛です。ヒトのなかでも毛の濃い人、薄い人がいますが、「濃い」といわれるようなヒトでも、ゴリラやチンパンジーなどと比べると、ほとんど無毛に近いでしょう。なぜヒトの体毛はなくなったのかという議論は、昔から延々と続いています。

最も一般的な考え方は、次のようなものです。

その昔、ヒトの祖先が、アフリカの地で樹上生活をやめて陸上に降り立ち、二本足で歩くようになったわけですが、アフリカは暑いので、ほとんどの動物は夕方から夜にかけてエサを探していたと考えられます。ただ、木から降りて地上で生活するようになった祖先たちが、もともと地上で獲物を獲っていた動物たちと対抗しようとすれば、自分たちがエサになりかねません。

そんななか、たまたま遺伝子の突然変異で体毛を失うようなものが生まれたとすれば、体毛がない分、涼しいので、昼間にも活動できるようになります。そうすると、天敵がいないなか食料を探せるようになり、生存に有利です。その結果、体毛が薄くなる遺伝子をもったものが生き残り、汗腺も発達し、体温を調節できるようになったのではないか、と一般には考えられています。

ほかにも、進化の過程で脳が大きくなったなか、脳は非常にエネルギーを使い、熱も発生するため、全身の毛の薄いものが生き残っていったのではないか、といった説など、いろいろな議論はありますが、最も一般的なのは先の説です。

アジア人はなぜベビーフェイスなのか

サルからヒトへ、進化の旅

1章の最後にサルの話をしましたが、サル全体の祖先は今から約6500万年前に出現しました。そこからいろいろなサルへと進化してきたのですが、1000万~700万年前に、その一部から出現したのがヒトです。

ヒトの初期の化石はアフリカでしか発見されていないので、今のところ、人類発祥の地はアフリカということになっています。

ヒトをそれ以外のサル類と区別する最も大きな特徴は、直立二足歩行です。つまり、日常的に二本足で直立した姿勢で歩くということです。

なぜ、私たちヒトの祖先は直立二足歩行をはじめたのか、その理由ははっきりとはしていません。ただ、現時点では、樹上生活を営んでいたサルの一部が、何らかの原因で木々がまばらにしか生えていないところで暮らさざるを得なくなり、地上生活に適応していくなかで直立二足歩行をするようになったのだろう、と考えられています。

理由は何であれ、直立二足歩行を行うようになったことで、いろいろな変化が起きました。いちばん大きな変化は、歩行から解き放たれた手によって、道具（最初は石ころや木の棒など）を使い、さらには石器や土器などの道具をつくれるようになったことです。

その結果、手の器用さと、それを制御する脳が飛躍的に発達しました。もちろん、そのことが現代の飛行機やコンピューターなど、さまざまな道具の発明につながっていることは言うまでもありません。

ちなみに、人類学の黎明期には、脳が発達したあとでヒトは直立二足歩行をするようになったと、逆の順番で考えられていました。しかし、脳が小さいにもかかわらず直立二足歩行をしていたと考えられる化石が次々と発見され、直立二足歩行が先で、その結果、手が空いて脳が発達したとのだとわかったのです。

直立二足歩行をするようになった最初の人類は、「猿人」と呼ばれています。猿人には、アウストラロピテクス、アルディピテクスなど、さまざまな種類がいたことがわかっていますが、脳の大きさはまだ５００cc くらいで、今のチンパンジー並みの大きさでした。

この猿人の一部から、脳の大きさが1000ccくらいと、より大きくなった原人（ホモ・エレクトス）が現れます。

原人の時代になると、間違いなく一部がアフリカから出て、ヨーロッパやアジアにも分布するようになります。その後、それぞれの地域で進化して、ホモ・ハイデルベルゲンシスやホモ・ネアンデルターレンシス（ネアンデルタール人）などと呼ばれるさまざまな人類が現れました。

さらに、約30万～20万年前になると、アフリカの中で、猿人・原人の段階から今の私たち現代人と同じ新人（ホモ・サピエンス）の段階にまで進化したものが出現します。そして、今から20万～10万年前、彼らの一部が改めてアフリカの外へ拡散し、世界各地の現代人、つまり私たちの直接の祖先になりました。

これが、現在、世界の多くの人類学者が支持している考え方です。

猿人・原人・新人の顔

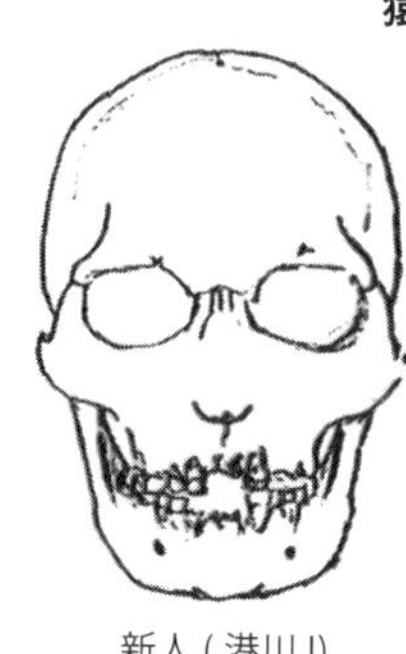
新人（港川I）

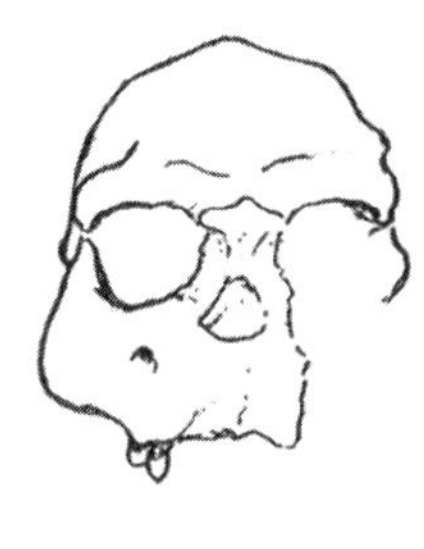
原人（サンギラン17）

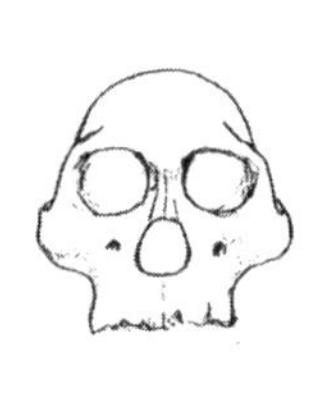
猿人（Sts 5）

猿人、原人、新人と顔はどう変わったのか

猿人から新人までの頭部はどのように変わっていったのでしょうか。

その変化には大きく二つの傾向があります。一つは脳の増大傾向で、もう一つは顔面の縮小傾向です。

脳頭蓋内の容積は、猿人はおよそ500cc、原人は1000ccほど、新人は1500ccほどと大きくなったのに対して、顔面頭蓋の大きさは相対的に小さくなっていきました。道具の使用や製作をはじめとした文化の発達とともに、脳は増大し、その半面、道具で食べ物を前処理したり火を使うようになったりしたことで、顎と歯はだんだんと縮小していったのです。

大きな変化はこの二つですが、その後も、それぞれの地域

頭蓋骨（とうがいこつ）の名称

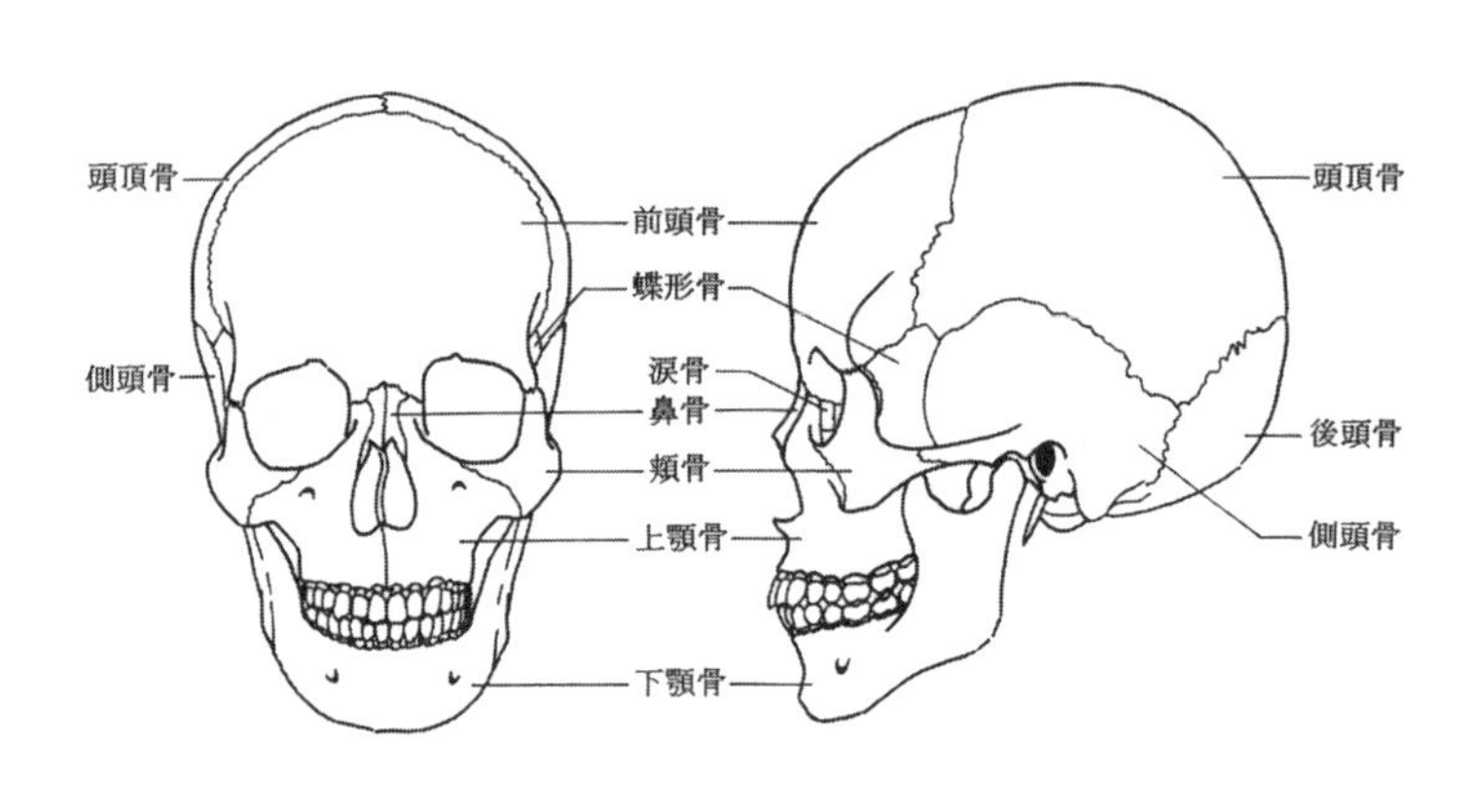

で細かい変化が起きて、日本人が日本人らしい顔になったように、世界各地に見られる特有な顔がつくられていきました。

ここで、少し補足をさせてください。先ほど「脳頭蓋」という言葉を使いました。これは、「のうとうがい」と読みます。

みなさんは「頭蓋骨」と書かれていたら「ずがいこつ」と読むと思います。しかし、解剖学では「とうがいこつ」と読みます。

みなさんが「ずがいこつ」と聞いてイメージすると思われる頭の骨全体のことは、解剖学では「頭蓋（とうがい）」といいます。頭蓋は、前頭骨や鼻骨、下顎骨など二十数個の骨からできていますが、解剖学ではそれら一つひとつの骨のことを、総称して「頭蓋骨（とうがいこつ）」と呼びます。

たとえば、「頭蓋は二十数個の頭蓋骨からできている」などといった使い方をするわけです。また、頭蓋のうち、脳が入っている上後部を「脳頭蓋」、顎や歯などの咀嚼器と感覚器官を納めている前下部を「顔面頭蓋」と呼びます。

極寒の北アジアに住む人々の平坦な顔

アジア人、特に北アジアに住む人たちの顔が、ヨーロッパやアフリカの人たちに比べて平坦であることはよく知られています。平坦に感じる主な理由は、鼻の突出度が弱いこと、頬が横に張り出していること、そして、一重まぶたであることなどでしょう。

ここで「鼻の突出度が弱い」という言葉を使いましたが、一般的には「鼻が低い」と言います。しかし、人類学では「鼻が低い」とは「身長が低い」と言うときと同じように、

鼻の高さと深さ

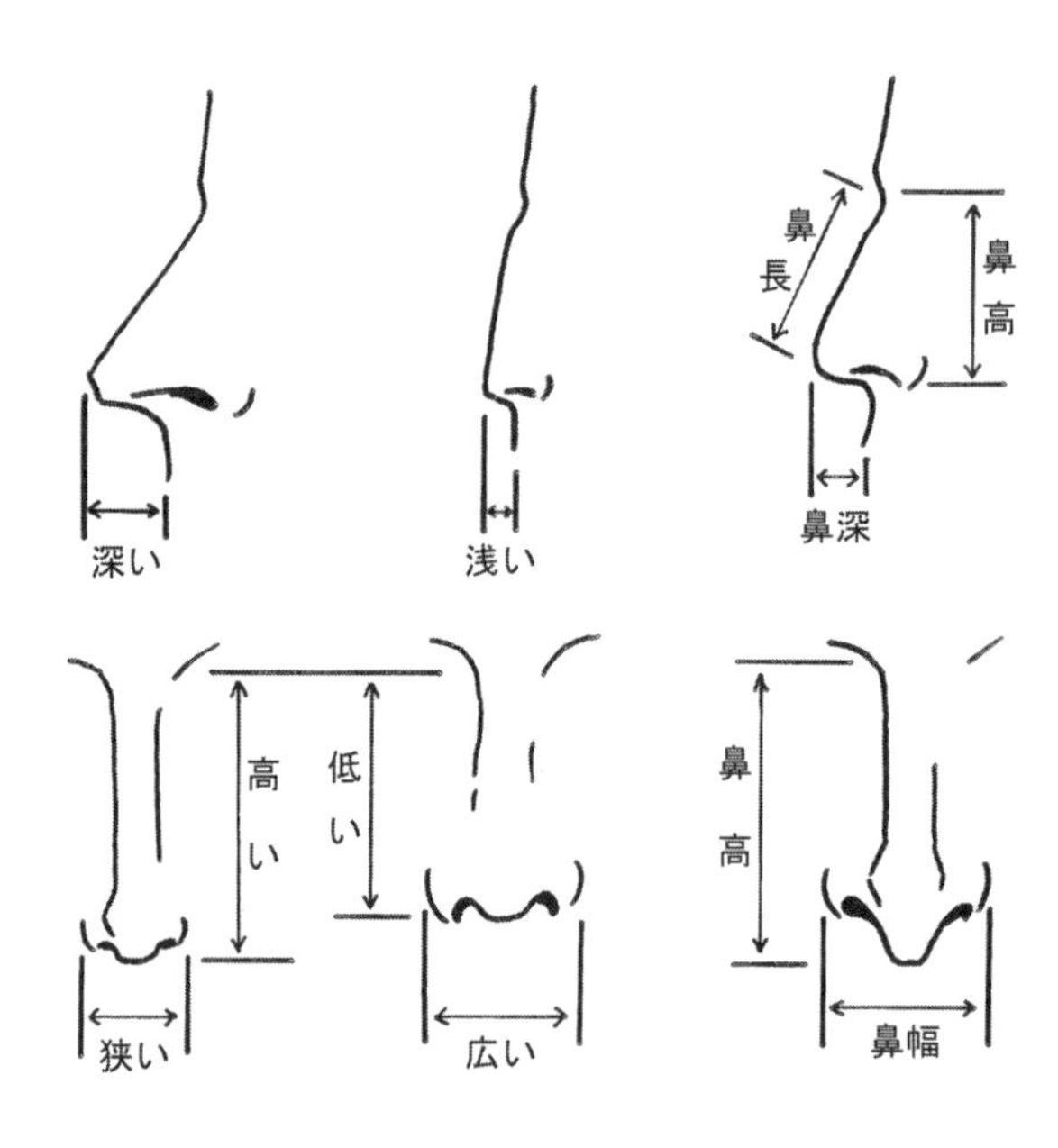

鼻が上下に短い（鼻高が短い）ことを指します。同じように「鼻が高い」は、鼻が上下に長いことを意味します。そのため本書では、まどろっこしく感じるかもしれませんが、「鼻の突出度が弱い（強い）」という表現を使わせていただきます。

鼻の突出度が弱い、頬が横に張り出している、一重まぶた——。こうした特徴をもつ平坦な顔ができたのは、どうしてなのでしょうか。

この事実を説明する最も有力な説は、「寒冷地適応説」と呼ばれています。

寒冷地適応説の原型は、世界中のいろいろな地域集団を紹介するとともに、いわゆる人種の形成について論じたことでも有名な人類学者のC・S・クーンらによって、1950年につくられました。その後、いろいろな反論が出て、客観的な観察・分析によって支持されている部分もあれば逆に否定されている部分もあり、まだ誰もが認める定説とまでは言えませんが、私も含め、多くの人類学者が非常にもっともらしいと感じている仮説であり、半世紀が経った今でもしばしば紹介されています。

この仮説が正しいとすれば、平坦な顔がつくられた理由は、次のようになります。

二重まぶたと一重まぶた

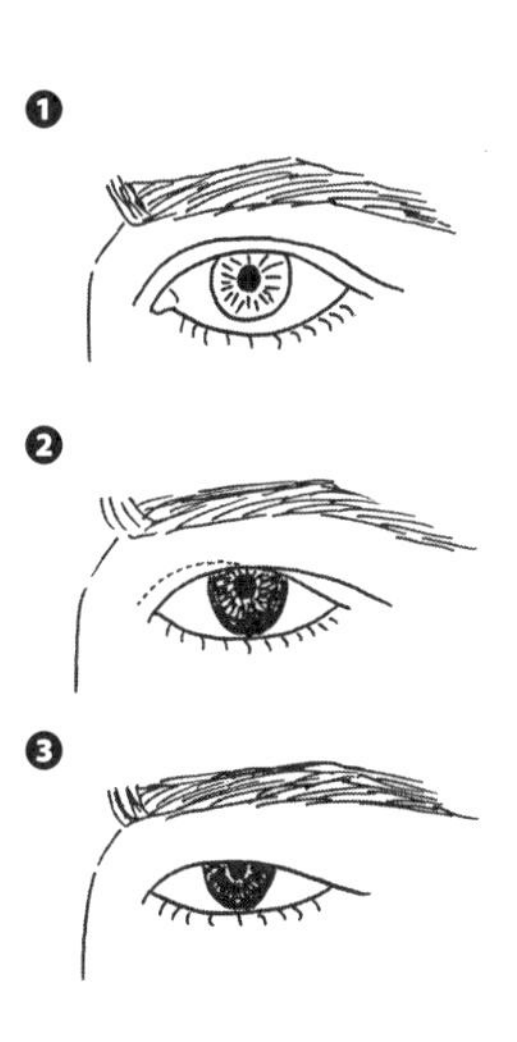

❶が二重まぶたで、❸が一重まぶた。❷もアジア人によく見られるまぶただが、目頭から目尻にかけて上縁の一部を覆う蒙古ヒダ（点線部分）が特徴的

まず、ヨーロッパ人のように鼻が突出していると、北アジアのシベリアのような、冬は零下何十度にもなる極寒の地では、凍傷にかかって生きていくことができません。ですので、たまたま鼻の突出度が弱い人たちだけが生き残ることができました。

しかし、鼻には、吸い込んだ空気を温め、湿り気も加えるという重要な働きがあります。鼻の突出度が弱くなったことで鼻腔の表面積が減ると、その機能を十分に果たせなくなり、冷たい空気がそのまま肺に入って、肺が凍傷になるかもしれません。

その点、たまたま、鼻の奥で鼻腔と通じている上顎洞（鼻の両側、目と歯の間の骨の中にある空洞）などの副鼻腔が大きかった人たちは、吸い込んだ空気に副鼻腔で適度な温度や湿り気を与えることができたので、生き残ることができたというわけです。副鼻腔、特に上顎洞が大きい人は必然的に頬の部分が大きくなり、顔が幅広くなります。

また、眼球のまわりに脂肪をたくさん蓄えることができるような遺伝子をもった人たちは、極寒の地で生き延びる上でさらに有利になります。これが一重まぶたを生じさせた原因です。

世界中を見回してみても、一重まぶたが北アジアや東アジアの人たちにしか見られないのは、以上のような理由があったからなのです。つまり、そういう顔でなければ、厳しい極寒の環境を生き抜くことはできなかったわけです。

ところで、「遺伝子」という言葉が出てきたので、少しだけ説明しておきます。遺伝子とは、生物の体を構成する細胞の中にある化学的な分子で、これらによって生物の姿かたちや各部分の働き、行動などが決定されます。いわば、私たちの体をつくり上げたり、行動の仕方を決めたりするための設計図です。

親子が似ているのは、遺伝子が親から子へ伝えられるからにほかなりません。また、最近よく「ＤＮＡ（デオキシリボ核酸）」という言葉も耳にすると思いますが、これは、簡単にいえば遺伝子の集合体のことです。一般には、遺伝子と同じ意味で使われています。

北欧人はなぜ鼻が高いのか

極寒の北アジアに住む人々が平坦な顔になった理由を説明してきましたが、こんな疑問を抱いた方もいるかもしれません。

なぜ、北アジアと同じくらいに高緯度の北欧に住む人たちの顔は、平坦にならなかったのか、と。


こういう質問はよく受けるのですが、北欧は緯度こそシベリアとあまり変わりませんが、実はそんなに寒くなりません。実際、気象庁のデータによると、ノルウェーのオスロ（北緯約60度）の1月の月平均気温は、2000年でマイナス0・4度、2010年でマイナス8・1度でした。一方、シベリア（ロシア）のヤクーツク（北緯約62度）では、それぞれマイナス36・9度、マイナス36・7度と、格段に低いのです。

なぜ、ヨーロッパは高緯度にあるにもかかわらず、そんなに厳しい気候ではないのかというと、それは南方からヨーロッパ西岸に向かって流れる北大西洋海流（赤道からメキシコ湾を経由して北上する海流の延長）という暖流のおかげです。

そして、ヨーロッパ人の顔は、おそらく、その直前の祖先が住んでいた中近東の乾燥した環境に適した形から、それほど極端に変化していないのではないか、と思われます。極寒の環境でなければ凍傷の心配はないので、乾燥した空気に湿り気を与えるには、突出した鼻は好都合だった、というわけです。

また、次のような疑問を抱いた方もいるかもしれません。

北アジアが北欧などに比べてずっと寒いことはわかったが、北アジアから、東アジアやそれこそ日本など、より温暖な地域に移った人たちも平坦な顔を維持しているのはなぜか、と。

この疑問に対する私の答えは、「体が集団として多様に変化するほどには時間が経っていないから」です。

北アジアの人々の間で寒冷地適応的な進化が起きたのは、少なくとも2万年前以前のことでした。その証拠は、シベリアのバイカル湖から西へ約1000キロメートルのところにあるアフォントヴァガラ遺跡で発見されています。

前頭骨（頭蓋のうち、額の部分の骨）の眉間部分に鼻骨の一部がくっついた骨片の化石です。これは約2万年前のヒトの化石で、鼻の付け根の隆起が弱く、平坦な印象を与えるものでした。これによって、現代の北アジア人の特徴をもった人たちがすでに2万年前には出現していたことがわかりました。

その後は、服や建造物、暖房器具といった文化的な発達によって環境の変化を乗り越えることができたならば、ある特定の遺伝子が淘汰されることはなくなっていき、顔も含めた体の特徴は時間が経てば経つほどに、どんどん多様になるはずです。ところが現実には温暖な地域に移住した北アジア人の顔は、平坦なままです。

それは、何千万年といった地質年代的な単位で見れば、温暖な地域に移住した北アジアの人たちがいても、適応的な進化が起きるには時間が短すぎる、ということです。体の特徴が集団的に変化するほどには、まだ時間が経っていないということでしょう。

幼児の特徴をもちながら大人になる「幼形成熟」

次に、ここまでに紹介してきたような北アジア人の顔の特徴がどのようにして生じたのか、ということを考えていきましょう。

1926年、オランダの解剖学者であるL・ボルクは人類の進化について、有名な「胎児化説」を提唱しました。

ヒトの大昔の祖先はチンパンジーやゴリラのような動物（類人猿）だったと考えられています。ボルクが提唱した胎児化説とは、現代人の大人の姿かたちは、私たちの祖先である類人猿の胎児あるいは幼児のような姿かたちをもつように進化した、という仮説です。

この仮説の中心にあるのは、生物の進化の過程で、ある原因によって体の一部の発育が遅れるという現象が起こり、胎児のような姿かたちのまま大人になる（子どもを産めるような状態になる）という結果が生じた、という考え方です。

これは、今では、「幼形成熟（ネオテニー）」という、動物の進化の仕方の一つと考えられています。

この胎児化説には、現代の科学的知識から見れば、信じがたい内容もたくさん含まれているのですが、ヒトの体の特徴のなかでも遺伝子によって決定される特徴（「形質」といいます）のなかには、進化過程で発育を遅らせることによって生じたと思われるものがあることは確かです。ですから、まだまだ魅力的な仮説であることには違いありません。

ここで、「形質」という言葉について少し説明をさせてください。この言葉は、「形態」という言葉とともにこれから度々登場します。

生物学において、「形態とは」とは「大きさ（サイズ）」と「形」の要素から成るものと考え、これら二つの要素を区別して分析します。生物学は、生物を分類するところからはじまったとされますが、そのとき、分類の基準として使われたのが形態でした。

次に「形質」ですが、生物の特徴にはいろいろなものがあります。たとえば、親子が似た鼻の形をもつのは、部分的に遺伝子が共通しているせいでしょう。しかし、お父さんの頬についた傷跡は、もちろん子どもには遺伝しません。これも立派な特徴ですが、生物学では遺伝するか否かが大切なので、遺伝子がかかわっている特徴だけを対象にします。この遺伝子によってつくられる特徴のことを形質と呼びます。

初期の生物学では、分類の指標になる形態に関する要素を形質といっていましたが、遺伝学が誕生して以来、表に表れるいろいろな遺伝的性質を形質と呼ぶようになりました。つまり、親から子へと伝わる、表に表れる特徴全般のことを形質と呼ぶわけです。今では、

幼生

成体

メキシコサンショウウオ

生理学的形質、行動学的形質などといった言葉も使われています。

さて、話が横道にそれてしまいましたが、幼児の姿かたちの特徴を保ちながら大人になるという幼形成熟の有名な例が、メキシコサンショウウオです。ウーパールーパーという名前のほうがピンとくる方が多いかもしれません。

ウオとはいっても魚ではなく、カエルなどと同じ両生類の仲間です。ただし、カエルとは違って、しっぽのある両生類です。

メキシコサンショウウオは、一般の両生類が行うような変態（変なオジサンの意味ではなく、たとえば、カエルが卵からオタマジャクシになって、さらに四足の成体になるというような過程を「変態」といいます）を起こさず、幼生の姿かたちのままで成熟します。そのため、成体であるにもかかわらず、ふつうは幼生にしか見られない、木の枝のようなエラが、顎の後ろのあたりから横に飛び出しています。

「幼形成熟」で寒冷地適応した？

ヒトの話に戻りましょう。

１９６７年に刊行され世界的ベストセラーとなった『裸のサル』の著者として有名な動物行動学者のＤ・モリスも、１９６９年、ヒトはサルのいくつかの形質（遺伝子によって決定される特徴）が幼児的なまま大人になった動物である、と言っています。

どういうことかというと、成体に比べて相対的に、体よりも頭が大きいというサルも含めた哺乳類全般の幼児（正確には胎児）のプロポーション（比率）を保つように（つまりは幼形成熟のこと）、ヒトの脳は大型化した、とモリスは考えたのです。

サルの場合は、出生前に脳が急激に大きく複雑になり、成体の大きさに近づくので、サルの新生児は、ヒトの新生児よりも成体的なプロポーションをもちます。その一方、ヒトは、出生時の脳の大きさは成人の二十数パーセントほど。サルでいえばまだ胎児の途中のような段階で生まれて幼児になり、すべての成長が終わるには約20年もかかります。20歳になるまで脳は大きくなり続けるのです。

つまり、ヒトは、「相対的に頭が大きい」というサルも含めた哺乳類全般の胎児の形質を保っているように見えます。そして、そうやって生後ゆっくりと成長するおかげで、ヒトは生まれてからいろいろなことを学習することができるようになりました。

また、イヌのような四足歩行をする動物の目の向く方向は体軸（背骨）と平行ですが、直立二足歩行をするヒトの場合は、体軸と直角になります。ただ、イヌやネコなどの脊椎動物でも、胎児のときには体軸と目の向く方向は直角ですよね。

このことも、脊椎動物の胎児のときの姿勢が、ヒトでは生後も維持されるという意味で、幼形成熟の例だとモリスは考えています。

ボルクの胎児化説がどこまで正しいのかはもっと検証を重ねるべきですが、私は、蒙古ヒダ（目頭を覆っている皮膚）が発達した一重まぶたに加えて、北アジア人男性のヒゲや体毛が薄いことも、幼形成熟のようなやり方で寒冷地に適応した結果かもしれない、と考えています。

極寒地では、吐いた息がヒゲにつくとすぐに凍って凍傷になってしまいます。でも、成長を遅らせて子どものような状態を保つことができれば（まさに幼形成熟です）、ヒゲが生えず、安全です。

極寒の地に進出した（進出せざるを得なかった）彼らは、すでに何らかの服を身にまとっていたはずですが、それだけでは寒さは防げず、他の動物と同じように自らの体自身を変化させることによって生き抜きました。ヒゲの成長を遅らせる遺伝子が、ヒゲと同時に体毛にもかかわっていたならば、体毛も一緒に薄くなった可能性は十分にあり得ます。

このように、胎児化あるいは発育遅滞を伴ったまま大人になるという幼形成熟という方法で寒冷地に適応していったことが、北アジア人とその系統の人々の顔をベビーフェイスに見せているのかもしれません。

ただ、なぜ、幼形成熟的な進化が起きたのか。という問いに答えることは容易ではありません。

実は、この疑問は、他のすべての形質の進化についても当てはまる疑問です。私たちは、連綿と続く因果過程の直前の「なぜ」を解いてわかったような気にはなりますが、究極的には宇宙の起源にまで遡らなければ、何もわかったことにはなりません。生物の変異を引き起こす原因が地球環境にあれば、その地球環境の変化はなぜ起こるのでしょうか。なぜ星々は光り、動くのでしょうか。なぜ宇宙は膨張しているのでしょうか。なぜ宇宙は生じたのでしょうか。

このように突き詰めていくと、現時点では、私にも本当のところはよくわかりません。

２章のまとめ

北アジアの人たちは厳しい寒さに適応して、突出していない鼻、幅広の頬、一重まぶたの平坦な顔をもつ人が生き残った。

アジア人がベビーフェイスなのは、幼児の特徴を保ちながら大人になる「幼形成熟」という方法で寒冷地適応したからではないか。

赤ちゃんをかわいいと思うわけ

子どもから大人へ、顔かたちはどう変わる？

同じヒトといっても、子どもと大人では姿かたちがまるで違います。まず、体の大きさが違います。さらに、仮に大きさを単純に拡大・縮小して子どもと大人を同じ大きさにしたとしても、同じ形にはなりません。いろいろな部位のプロポーション（比率）が違うからです。

形を見れば、それが子どもなのか、大人なのかは一目瞭然です。たとえば、シルエットだけを見ても、それが子どもなのか大人なのかすぐにわかります。その差はどこにあるのでしょうか。

動物の種類によって違いますが、一般に哺乳類の子どもは、大人に比べて、耳や鼻などの突出する部分が小さく、丸みを帯びた頭と大きな目をもつ傾向があります。ヒトの幼児も例外ではありません。

ヒトの頭蓋の成長では、猿人から新人までの進化傾向とは逆に、脳が入っている部分の増大よりも顔の部分、特に顎の部分が、より大きくなる傾向があります。

試しに、複数の子どもと大人の写真を見せて、どの子がどの大人になったかを当てるゲームをしてみてください。そのまま見比べていてはわかりにくくても、顔の下半分を隠して見るとよく当たります。それは、子どもから大人になるにつれ、顔の下半分のほうが変わりやすいからなのです。

赤ちゃんの顔かたちと「育児をしたい」遺伝子

動物行動学の分野では、幼児の顔かたち、姿かたちがヒトやサルに育児行動を起こさせる強い刺激になっている、ということが早くから知られていました。

１９４３年には、動物行動学を確立したオーストリアの動物行動学者、Ｋ・Ｚ・ローレンツが、ヒトやウサギ、イヌなどの幼児に共通する特徴が視覚的な刺激となって、「かわいい」という気持ちや、生まれつきもっている「育児をしたい」という気持ちを起こさせると考え、「幼児図式」として提唱しています。

ローレンツの幼児図式

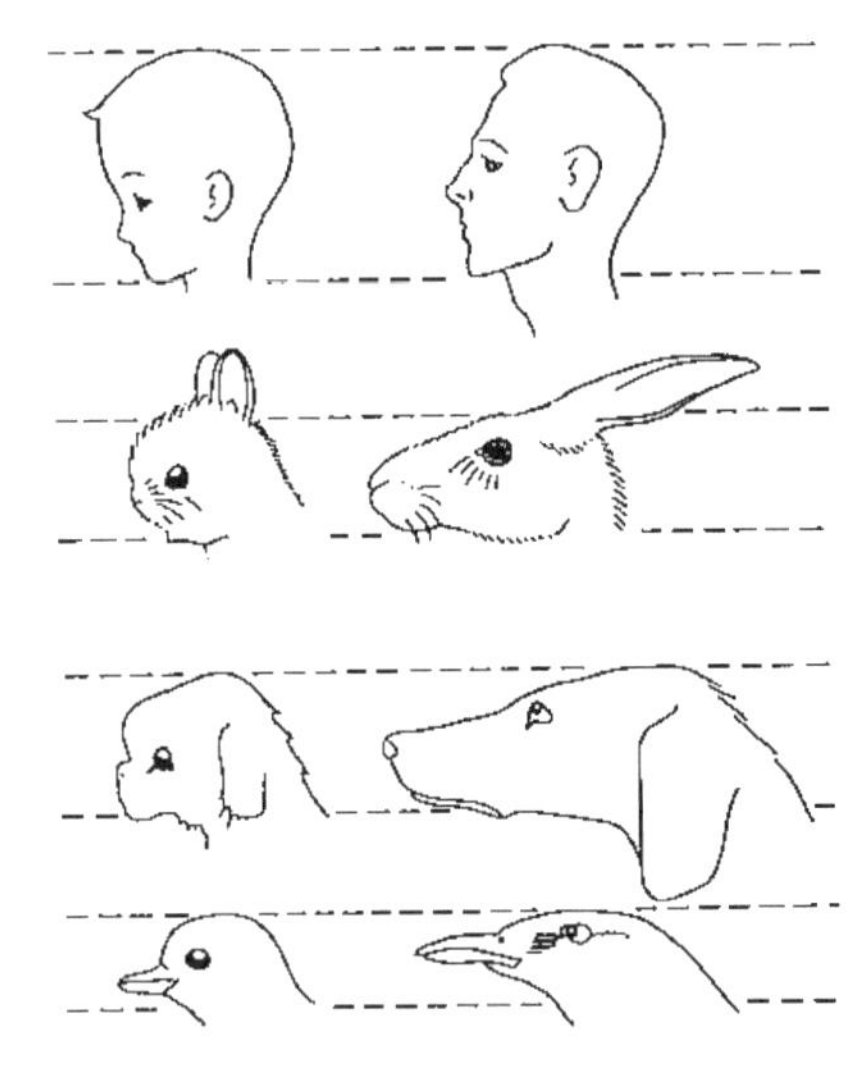

K.Lorenz(1943)による
岩波生物学辞典第4版(1996)

突出した部分の少ない丸みを帯びた頭、大きな目などが幼児であることを強調する、といいます。

ここからは、ヒトの赤ちゃんについて考えていきましょう。

ヒトは、進化の過程で直立二足歩行をするようになったせいで、内臓を支える骨盤の底の大きさに制限を受けることになりました。つまり、骨盤に囲まれた空間（骨盤腔）

骨盤腔

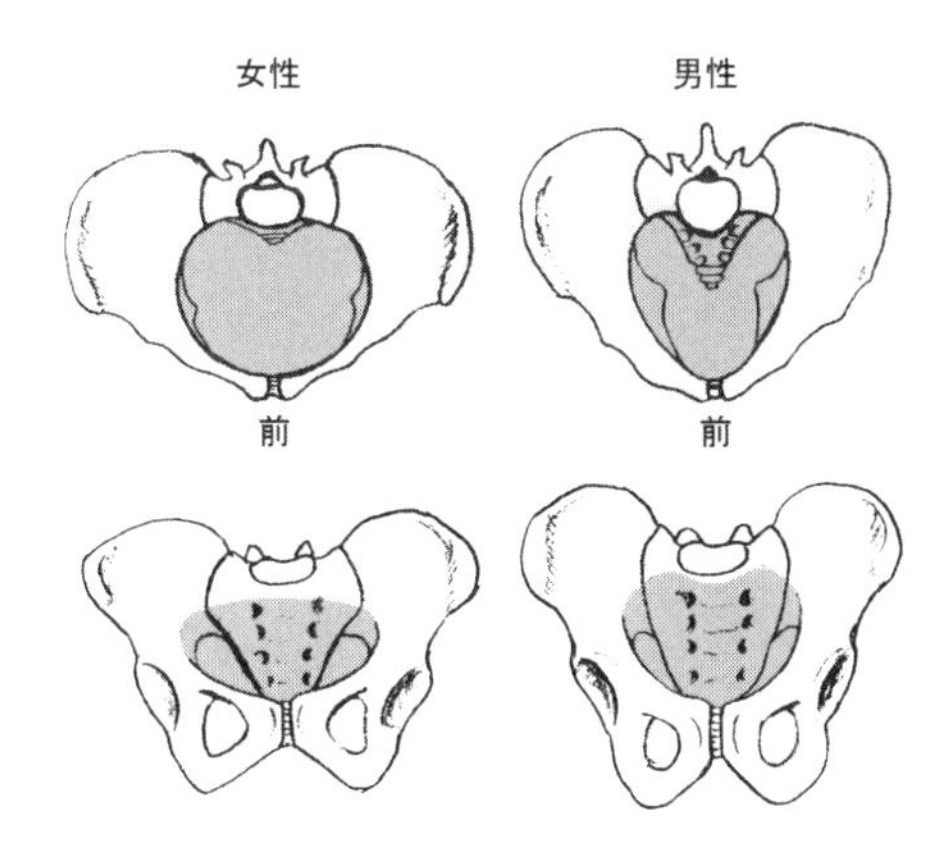

上の二つの図は骨盤を上から見たところ、下の二つの図は前から見たところ。骨盤腔は中央の灰色の部分。女性の場合は産道になるので、内側への骨の出っ張りが少ない

が広すぎると内臓を支えられず、内臓が下にスポッと落ちてしまうので、骨盤腔がなるべく狭くなるように進化しました。

とはいっても、骨盤腔は、女性の場合には赤ちゃんが産まれ出てくる産道になります。そのため、女性の骨盤と胎児の頭の形や大きさはうまく調整されなければなりません。

これを解決したのが、未熟児を産むという戦術です。戦術とはいっても、意識的にそうしたわけではありません。結果としてそれがうまくいった、というだけの話です。

胎児の頭が産道を通れるぎりぎりの成長段階の未熟児を産むわけですから、ウマやシカの子どものように生まれてすぐに歩けるわけ

ではありません。親の世話がなければ、絶対に生きていくことができない状態です。ですので、生まれた子どもに関心のない親は自分の遺伝子を子孫に伝えることができませんでした。たまたま、自分の産んだ未熟児に関心（好奇心）をもって育てた親だけが、子を育てることができ、自分の遺伝子を残して、代々生き残っていったのです。

こうして、親と子どもの双方に子育てに関する性質・行動が発達しました。すなわち、親は子どもの顔かたちや笑顔などの表情、ぎこちないしぐさに「かわいさ」を感じる性質を備え、それによって子どもを育て、自分の遺伝子を残そうとします。赤ん坊は、身体的特徴そのもので周囲の大人の「かわいい」と思う気持ちを引き起こすとともに、泣き声や笑顔でさらに注意を引いて自分の世話をさせようとします。

これらの性質や行動はすべて遺伝子によってプログラミングされているのです。つまり、そのような遺伝子をたまたまもった個体だけが子孫を残すことができたというわけです。

子どもが親に注意を引き起こさせる信号を「幼児信号」といいます。

まずは、前述したように身体的特徴そのものが強力な刺激として働き、親に「かわいい」と思う気持ち、抱きしめたい、世話をしたい、保護したいという衝動を引き起こさせることがわかっています。

2章の幼形成熟のところでも紹介した動物行動学者のD・モリスは、広くて丸みを帯びた額、顔を上下に二分する線よりやや下に位置する大きな目、突出しない小さな鼻、なめらかで弾力のある皮膚、丸くてふっくらした頬などの特徴が、特に重要な幼児信号だと言っています。

これらの幼児信号に対する「かわいい」と思う気持ちや感情は、同じような特徴をもつものであれば、たとえそれが人ではなくとも触発されることがわかっています。たとえば、ペットや人形、おもちゃ、漫画の登場人物などであっても、同じような特徴をもっていれば、「かわいい」という気持ちが引き起こされるのです。

さらに、モリスは、女性が化粧品で皮膚の表面をなめらかにしたり、大きな目のあどけない顔つきにメイクをしたりする行動にも、成人女性としての魅力を引き出すことのほかに、幼児信号としての意味合いもあると考えています。

生後数日で母親の顔が好きになる

実際の赤ん坊の場合は、視覚的な信号だけでは、親に自分の世話を確実にさせるには不十分なので、他の幼児信号も使っています。それは「泣く、微笑む、笑う」という行動で、幼児が成長するにつれて、この順序で出現することが確認されています。

ただし、これらの行動による信号も、送る相手がいなければ意味がありません。

乳幼児の視知覚能力（世界を見る能力）の専門家である山口真美によれば、生まれたばかりの赤ん坊でも、顔に注目する能力があることが明らかになっています。乳児は、均質な図形よりも同心円や縞のパターンがある図形、そして顔の模式図を好んで見るそうです。

しかし、このことは、生まれてすぐに母親の顔を認識できるという意味ではありません。顔の最低条件である目・鼻・口が正しい配置にある「物」を見ているにすぎないようです。

それから、乳児には見慣れたものよりも新しいものを好む性質があるそうですが、母親は例外とのこと。生後数日の乳児は、母親の顔を見る時間が十数時間を超えると、その母親の顔を好むようになるそうです。

また、母親や周囲の大人の笑顔を見慣れた乳児にとっては、驚きや恐怖の表情は珍しく映ります。もともと新しい刺激を好む性質のある乳児は、見ることの少ない驚きや恐怖の表情により注目します。これが、子どものその後の生存にとって重要な訓練になっていることは言うまでもありません。

このようにして、ヒトの赤ん坊は生まれたあとに接した社会環境のなかで、世話をしてくれるべき人の顔を認識し、その人を好きになり、頼ることになるというわけです。

山口によれば、大人は1000を超える顔を記憶し、識別することができるそうです。これほど多くの数を記憶できる対象物は、顔以外にはないとのこと。顔で覚える人の数は、名前で覚える人の数よりもはるかに多い、とも言います。確かに、顔は覚えているのに名前が出てこない、ということはよくあることです。

これだけ多くの数の顔を記憶し識別できるという事実からも、いかに顔が私たちヒトの生存にとって重要であるかは納得できるでしょう。

３章のまとめ

ヒトもウサギもイヌも、赤ちゃんは「かわいい」と思う気持ちを引き起こさせる共通した特徴をもつ。

さらに、二足歩行の私たちは未熟児で産まざるを得なくなり、生まれた子に関心をもって面倒をみる親だけが遺伝子を残すようになった。

ホモ・サピエンスの顔かたちの多様性

人類は皆「サル目・ヒト科・ヒト属・ヒト（種）」

前章までに、顔ができた経緯や顔かたちの特徴にはそれなりの理由があると考えられること、そして、顔はヒトが生きていく上で非常に重要な部位であることを説明してきました。この章では、まず、私たち現代人のさまざまな集団の間に見られる顔の違いについて考察していきたいと思います。

そもそも「違い」とはどういうことかというと、生物学では、個体間あるいは集団間の違いのことを「変異」といいます。あるいは「多様性」という場合もあります。集団間の変異は、一般には、集団を構成する複数の個体の平均値を取り、その平均値の間の違いで表します。平均値のズレが、違い（＝変異、多様性）を表すということです。

そして、一つの集団の中での個体間の値の違いを「群内変異」、集団間での平均値の違いを「群間変異」といって区別します。いずれの変異も、遺伝子の違いによる「遺伝的変異」と環境因子の違いによる「環境的変異」、そしてその相互作用による変異などが組み合わさってできています。

さて、大昔、それこそ数万年以上も前には、複数の「種（しゅ）」の人類が共存していた時代もありましたが、現在、地球上に生きている人類、つまり、私たち現代人は、皆「ホモ・サピエンス」と呼ばれる一つの種に属しています。

「種」というのは、生物を分類する単位の一つです。分類単位には大きいほうから「界」「門」「綱」「目」「科」「属」「種」とあり、これらの分類単位を使って表した学術的な名前を「学名」といいます。

たとえばヒトの場合、「動物界　脊椎動物門　哺乳綱　サル目　ヒト科　ヒト属（ラテン語で

動物界の中のヒト

- 動物界
  - 脊椎動物門
    - 哺乳綱
      - サル目（霊長目）
        - サル亜目
          - サル下目
            - ヒト上科
              - ヒト科
                - ヒト亜科
                  - ヒト族
                    - ヒト属（ホモ属）
                      - ヒト（ホモ・サピエンス）［種］

はホモ属）ヒト（ラテン語ではホモ・サピエンス）（種）」となります。さらに、もう少し細かい単位があったほうが分類しやすい場合には、図のように、基本的な分類単位に「上」「亜」「下」がついたものや「族」といった単位を使ったり、「種」の下に「亜種」「変種」「品種」といったより細かい分類単位を使ったりすることもあります。

ヒトの集団を分類する際、かつては「人種」という言葉が使われたこともありました。これは、強いていうなら、前述の「亜種」に近いのかもしれません。

しかし現在では、ヒトのさまざまな地域集団・時代集団の間の境界はあいまいで、変異も連続的であることが明らかになっています。ですから、生物学の分類において人種という言葉はほとんど使われません。「種」以下の集団を呼ぶときには、集団の前に地域や時代の名前をつけて、たとえば「東アジア人集団」や「ヨーロッパの青銅器時代人集団」といった呼び方をするのが一般的です。

もう一つ、人種に似た言葉に「民族」がありますが、これは人種とはまったく異なった概念で、言語や宗教、生活様式など、文化的な要素も加味して分けた分類単位です。たとえば、「ユダヤ人」というのは、単なるユダヤ教信者の集団のことを指しており、いわゆる人種名ではなく、民族名です。実際、ユダヤ人のなかには生物学的に見てさまざまな人たちが含まれています。

少し横道にそれましたが、今、地球上に生きている人類は、分類学上は、皆、同じ一つの種に属しているということです。

種の決め方にはいろいろな考え方があり、本来は簡単にはいえませんが、あえて単純にいえば、一つの種に属しているかどうかは、結婚してできた子ども同士が結婚して、さらに子どもができるか否かを基準にして判断します。

現代人の場合は、アジア人とアフリカ人の結婚であろうが、アフリカ人とヨーロッパ人の結婚であろうが、当然、その子ども同士の結婚からさらに子どもが生まれます。このことから、アジア人もアフリカ人もヨーロッパ人もすべての個体が「ヒト（ホモ・サピエンス）」という一つの種に属していることがわかります。

しかし、同じ一つの種であっても、世界各地の現代人を見ると、地域間で、顔かたちや姿かたち、あるいは生理学的な性質（いわゆる体質のこと）も、お互いに多少異なっている部分があることはよく知られた事実です。この地域間の違いについては、もう少しあとで詳しく説明します。

その前に、同じ一つの地域集団の中での違いについて触れましょう。たとえば、日本人という地域集団の中にも、大きく見かけが異なる二つの部分集団が存在します。そう、男性と女性の集団です。

男女の顔かたちの違い

成人の男性と女性は、顔かたちにも大きな違いがあります。たいていの場合、初めて会った人でも、パッと見た瞬間に男性なのか女性なのかわかるものです。この違いは骨にもはっきり表れるので、遺跡から発掘された人骨でも、頭蓋（頭全体の骨）さえあれば、専門家なら90％以上の確率で男女を判別することができます。

頭蓋の性差

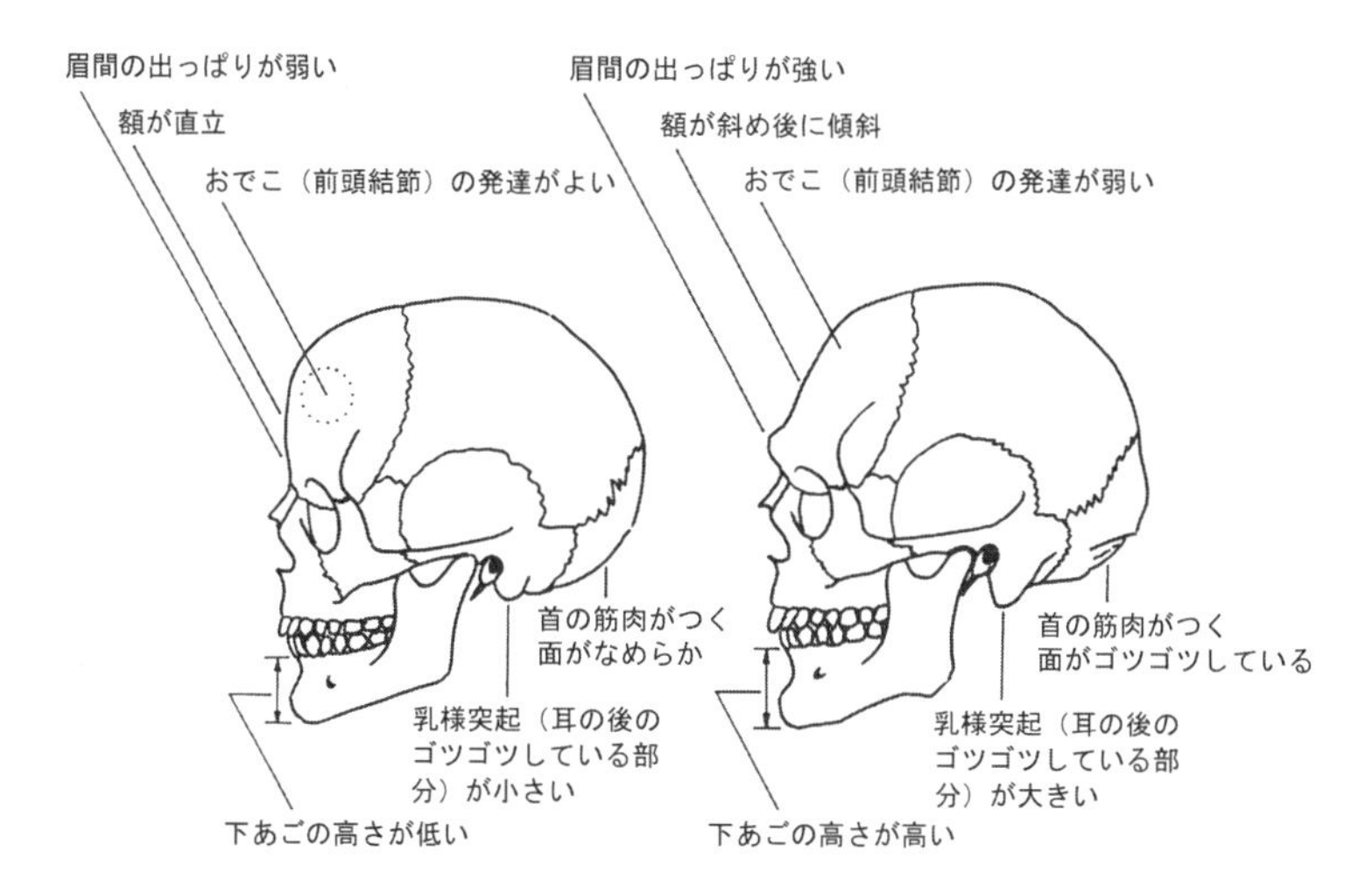

女性　　男性

たとえば、おでこ（前頭結節）が膨らんでいて、眉間の出っぱりが少なく、耳の後ろのゴツゴツした部分（乳様突起）の発達が弱い場合は、女性の可能性が高い、と判断することができます。

このような男女の形態の違いは、突き詰めれば、性を決定する遺伝子に行き着くのですが、直接的な原因は、筋肉の発達が男女間で違うことにあるようです。たとえば、顎の筋肉が強くなると、その筋肉がくっついている部分も強くなければ耐えられないので、その部分の骨もゴツくなります。また、まだ筋肉がよく発達していない子どもと女性の頭蓋の形には多くの共通点があることからも、筋肉の発達が男女の骨の形態の違いに影響していることは確かです。

ちなみに、みなさんは、同じ種類の動物なのにどうして男性と女性という2種類の個体がいるのか、不思議に思ったことはありませんか。

ご存じの方もいると思いますが、性は集団の遺伝的な多様性を増やします。男性と女性の間に子どもが生まれるときに両親の遺伝子をシャッフルして改めてランダムに組み合わせるので、多様性が増すのです。そのため、性がある限り、どんな環境になっても、一部の個体は生き残り、集団としての持続性が保証されます。性は、集団が生き残るための〝多様性発生装置〟の一つとして極めて重要なシステムなのです。

さらにいえば、もしも性や突然変異のような多様性発生装置がなく、環境の変化についていけない場合以外は個体が死なない（つまりは、老衰などでは死なない）ならば、どうなるのでしょうか。

個体にとっては寿命が長くなっていいかもしれません。でも、集団に着目すると、いいことはいえません。最初は多様性をもっていた集団も、環境の変化を経験するにつれて集団内の変異が減少し、集団の中の変異以上の大きな環境変化が起きたときには、その集団は絶滅してしまうでしょう。

不老不死とは昔から人類が追い求めてきた究極の夢です。しかし、常に個体が死んで、集団を構成するメンバーが入れ替わり、新たに変異が発生しなければ、集団は多様性を維持することができません。つまり、個体の死は、集団の〝多様性維持装置〟として、性と同じように重要なシステムと考えることができるのです。

顔かたちの地域間の違い

次に、地域間の違いについて考えてみましょう。世界を見渡すと、地域によっていろいろな顔つき、体つきの人たちがいます。かつては、顔かたちや皮膚の色などをもとに、いわゆる人種に分類するということが行われていました。

しかし、先ほども述べたとおり、今では、もともと純粋な人種などはないこと、世界中のホモ・

女性の顔の地理的変異

左から：スーダン人、ヨーロッパ人、オーストラリア先住民、日本人

サピエンスの個体間の違い（変異、多様性）はどこかで境界を引けるようなものではなく連続的であることがわかっていますので、人種を定義するということは行われません。

しかし、漠然とした違いではあっても、地域によって集団間に何らかの違いがあることは事実です。私自身も、アメリカの博物館で、「すごく男性的な骨だな」と思って見ていた骨について、「これはヨーロッパ人の女性の骨ですよ」と言われて驚いたことがありました。やはり日本人とヨーロッパ人では骨の印象も違ったのです。

こうした集団間の違い（群間変異といいます）は、どのようにして生じたのでしょうか。単なる偶然なのでしょうか。

多くの研究者は、それらの違いの背景には、ちゃんとした理由があるはずだと考えています。たとえば、すでにお伝えしたように、北アジア人の北アジア人らしい顔かたちは、寒冷地適応説によってうまく説明できそうに思えます。

このような仮説が本当に正しいのかどうかを検証することは難しいのですが、環境に適応することで形態学的な形質、つまりは遺伝子によって決定される顔かたちに関する特徴が形成されてきた、ということを支持する間接的な証拠は、ほかにもいくつか明らかになっています。

たとえば、寒い地域に住む人たちの頭は、暑い地域に住む人たちの頭よりも、前後径に比べて横幅が広く、球のように丸い傾向があります。このような頭の形は、前後の長さが短いので「短頭」と呼ばれます。

同じ体積をもつ三次元の構造（たとえば、立方体や直方体、球など）のなかでは、球の表面積が最も小さくなります。体熱は体の表面積に比例して逃げるので、寒い地域では表面積が小さいほうが、つまりは球に近い頭をもっているほうが、熱が逃げにくく、体温を維持することができて、生存上、有利になります。

気温と頭形、気温と鼻の幅

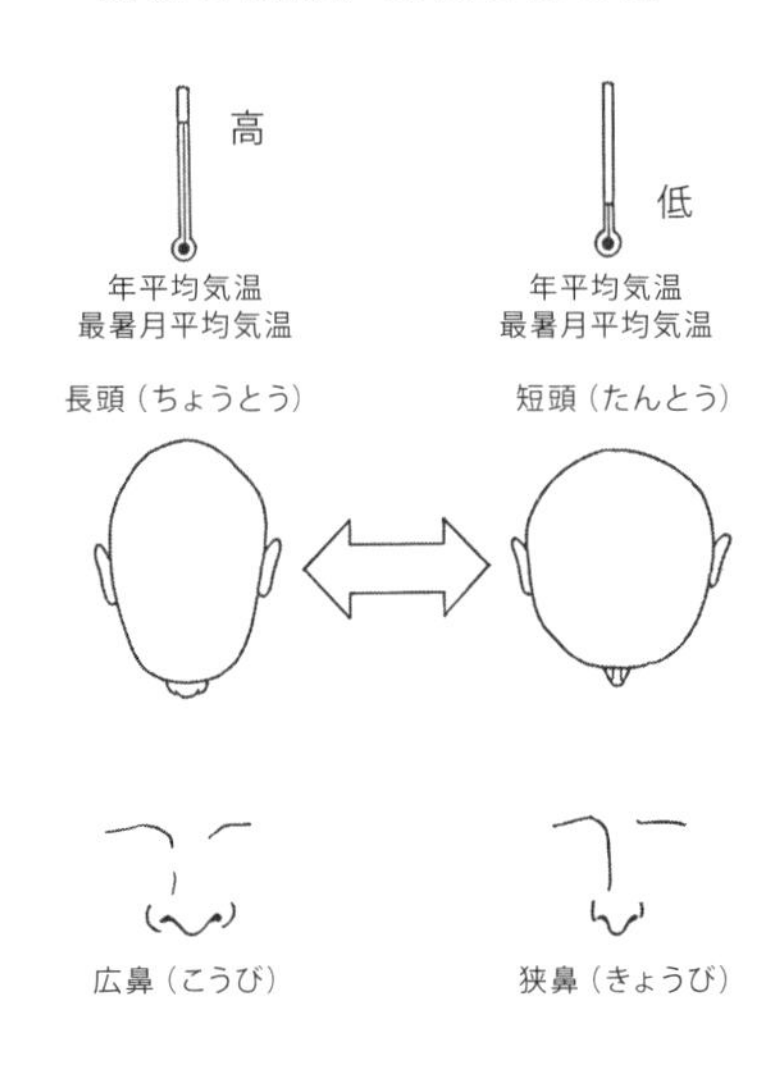

寒い地域の人たちの頭が丸いという事実は、まさに物理学的な法則に合致しているのです。ちなみに、余談ですが、クマにも同じような傾向が見られます。シロクマ（ホッキョクグマ）、ヒグマ、ツキノワグマ、マレーグマと、生息地の気温には違いがあります。シロクマがいる地域がいちばん寒く、マレーグマがいちばん暖かい地域にいます。これら4種類のクマで耳の大きさを比べると、相対的にシロクマの耳は小さく、マレーグマの耳は大きいのです。また、寒い地域にいるクマほど、大きな体、つまり、相対的に表面積の小さい体をもっているのです。

ヒトも、すでにお伝えしたとおり、寒い地域に住む人たちほど、鼻の突出度が低い傾向があります。寒い地域にいるものほど、出っ張りが小さいというのはクマの耳と同じです。

加えて、上下の長さ（鼻高）に比べて鼻幅が狭いことも、世界各地から集められたデータによって確認されています。繰り返しになりますが、鼻幅が広く鼻孔が広ければ冷たい空気が一挙に入ってきて肺が凍傷になってしまうでしょう。鼻には吸い込んだ空気を温め湿り気を加えるという大事な役割もあるので、ある程度の鼻腔空間は必要です。

こうしたことから、寒い地域に住む人たちの鼻が上下の長さに比べて幅が狭いのは、より狭い鼻孔をもつ相対的に長い鼻のほうが、冷たい空気を効率的に温めるには適していたため、そのような構造の鼻をもつ人たちが生き残った結果だろう、と解釈されています。

長い頭から丸い頭へ

どんな原因でできたのかが明らかにされている遺伝的特徴（形質）はそう多くありませんが、先ほど例に挙げた頭の形は、比較的詳しく研究されてきたものの一つです。

みなさんも、周りの人の頭を見たときに丸い頭の人もいれば長い頭の人もいることに気づくと思います。「絶壁」「ハチ張り」といった言葉があるように、頭の形を気にしている人も多いようです。

学問的にも、１００年以上も昔から関心がもたれ、当時から、頭蓋の形が脳の形を決めるのか、脳の形が頭蓋の形を決めるのか、あるいは第三の可能性があるのか、脳だけでなく歯や筋肉などとの力学的なバランスの影響も考えなければならないのではないか――といった議論がありました。

頭の形を研究するには、客観的に分析する必要があります。そのためには、大きさ（サイズ）と同じように数量化して形の違いを数字で表したほうが便利です。

数量化といっても、そんなに大げさな話ではなく、単に頭の幅（頭蓋最大幅）を頭の前後径（頭蓋最大長）で割って１００を掛けた数字を計算するというだけの話です。こうすれば、形を数字で表すことができます。

その数字（頭の幅÷頭の前後径×１００）は、頭蓋の場合は「頭蓋示数」、生きている人の頭の場合は「頭示数」といわれます。そして、それらの値に応じて、頭蓋の場合は「超

頭蓋の計測

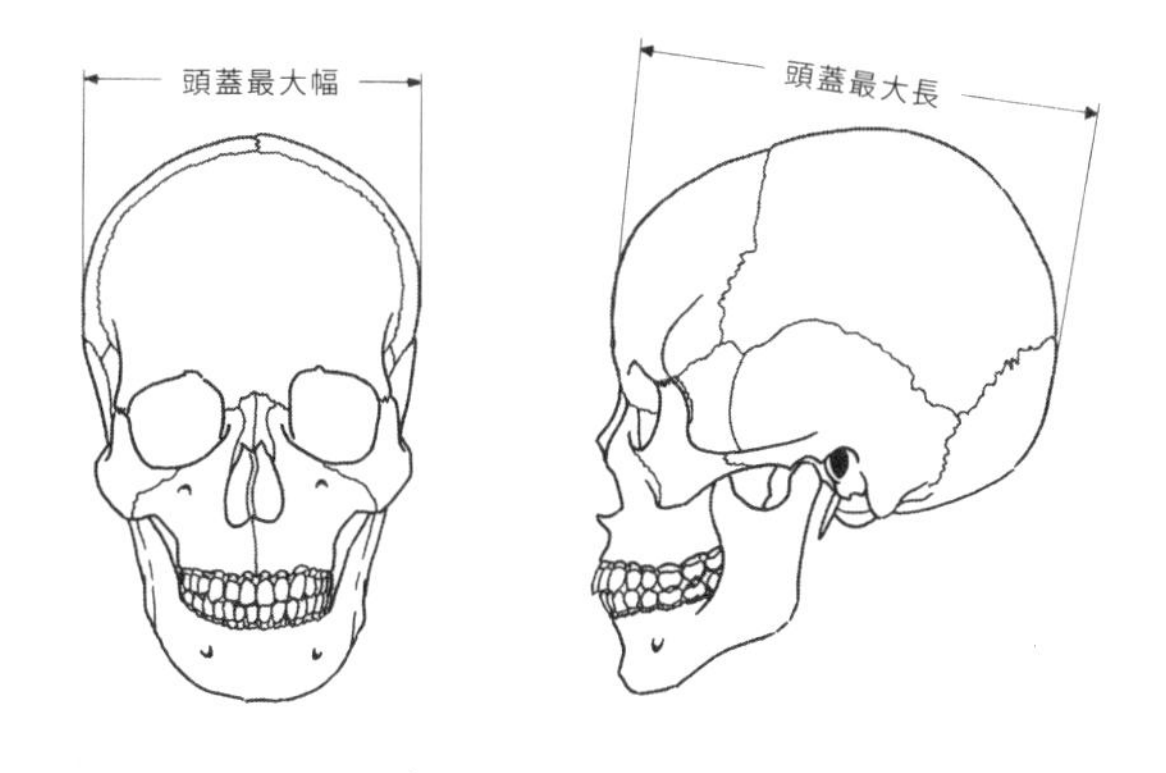

長頭型・中頭型・短頭型

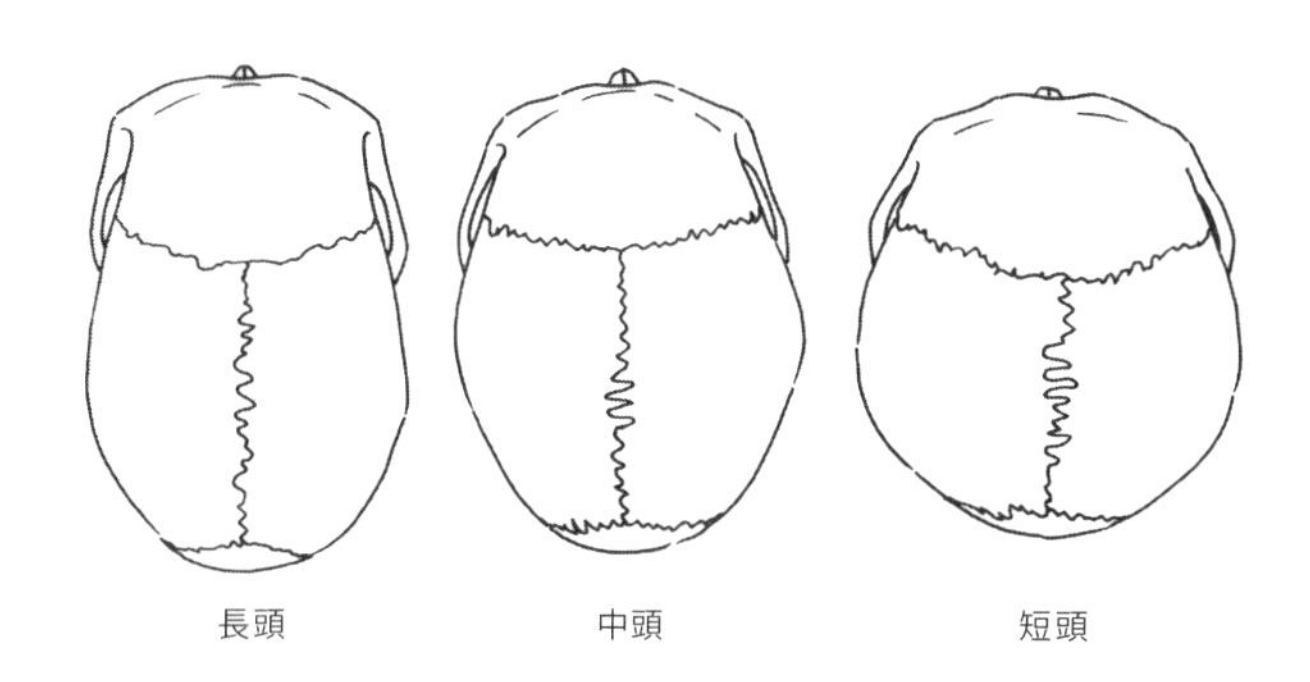

長頭型（〜64・9）」「過長頭型（65・0〜69・9）」「長頭型（70・0〜74・9）」「中頭型（75・0〜79・9）」「短頭型（80・0〜84・9）」「過短頭型（85・0〜89・9）」「超短頭型（90・0〜）」のように分類します。示数の値が大きいほど、短頭傾向が強く、相対的に横幅が広く、上から見たときの形が丸くなります。

この簡単な計算式で求められる頭（蓋）示数を使って、これまでに多くの研究がなされ、多くの仮説が提案されてきました。

頭の形に関する研究の大きな進展は、まず「短頭化現象」の発見です。短頭化現象とは、数十年から数百年の間に、同じ集団の中で、上から見たときの頭の形が前後に長い楕円形（長頭）から円形に近い形（短頭）へ変化する現象です。つまり、頭蓋示数の平均値が時代とともに大きくなっていくこと。

北京原人の研究で有名なF・ワイデンライヒは、１９４５年、ヨーロッパにこの短頭化現象があったことを初めて発見しました。同じヨーロッパ人とはいっても、地域によって頭の形はさまざまです。おおざっぱにいえば、北欧と南欧では長頭の人が多いのに対し、その間の中欧では短頭の人が多いという事実があります。

この事実に対して、以前は、中央アジアから、モンゴルの騎馬民族のような短頭の集団がヨーロッパに侵入してきて混血した結果、中欧の人たちの頭は短頭になっていったのだ、という解釈がありました。

しかし、ワイデンライヒは、中欧の遺跡から発見されたどの時代の人々の顔面頭蓋にもモンゴル人的特徴がないことを確認し、中欧の人に短頭が多いのは混血によるものではなく、何らかの理由によって頭の形が変化したからだ、と考えました。この「何らかの理由」というのはいまだによくわかっていませんが、ともかく、中欧の人たちの頭の形の変化、すなわち短頭化が主に西暦1000年前後(中世)に起きたことは事実です。

おもしろいことに、日本でも、同じく中世から短頭化現象がはじまっていたことが、形質人類学者の鈴木尚によって1956年に明らかにされました。鈴木は、関東地方の古人骨を使って短頭化現象を実証したのですが、それから30年ほどが経過した1987年には、

日本の長頭化・短頭化現象

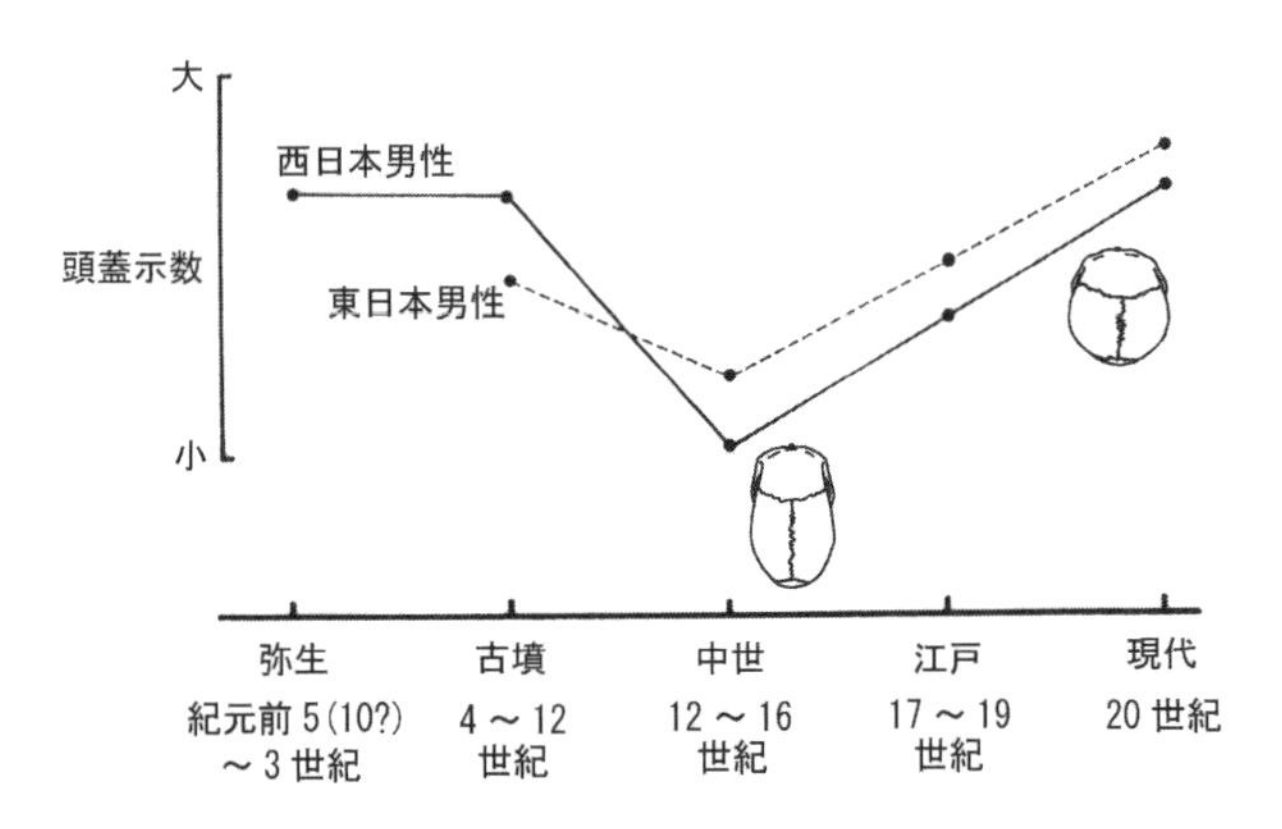

西日本でも東日本でも、古墳時代から中世にかけては長頭化(頭蓋示数が小さくなる)し、中世から現代にかけては短頭化(頭蓋示数が大きくなる)している

同じく形質人類学者の中橋孝博が九州でも短頭化現象があったことを確認しています。

今日では、短頭化現象はほぼ全国的な現象であったことがわかっています。約1500年前に、まず頭の前後径が相対的に長くなる長頭化がはじまり、次いで、1000〜500年前に短頭化に転じ、以後、今日まで短頭化が進行していることが明らかになっているのです。

ただし、生きている人を対象にする人類学である生体学が専門の河内まき子は、2000年に、日本の短頭化現象は止まった、という論文を書いています。

ヨーロッパのいくつかの地域ではすでに短頭化から長頭化に転じているところもあるので、河内の主張は十分に受け入れられるものです。

頭の形を決めるのは何か

さて、他集団との混血もないのに、なぜ短頭になったり長頭になったりするのでしょうか。その原因は何なのでしょうか。

頭の形も含め、私たちの顔かたち、姿かたちは、大昔の生物から進化（一般には単純なものから複雑なものへと変化）することによってつくり上げられてきた、と考えられています。生物進化についての仮説にはさまざまなものがありますが、現在、一般に認められているのが、１８００年代半ばにＣ・ダーウィンが唱えた「自然淘汰（自然選択）説」と、１９６０年代に木村資生らが提唱した「中立（突然変異）説」の二つです。

自然淘汰説では、生物の種は原則、多産であり、たくさん産まれたなかで、よりよく環境に適応した変異をもつ個体だけが生存競争を制して子孫を残すので、結果的に、それぞれの種が環境に適応した方向に変化する、と考えます。

一方、中立説は、主にＤＮＡレベル（分子レベル）での進化についての仮説です。分子レベルの突然変異は、ほとんどは自然淘汰とは無関係（中立）に起き、集団において、たまたま突然変異した遺伝子の蓄積のほうが自然淘汰による変異の蓄積よりも数が多い、と考える仮説です。ただ、中立説は環境に適応するように進化していくことを全面的に否定しているわけではなく、決して自然淘汰説と対立するものではありません。

また、このような「進化」と見かけ上似ている、紛らわしい変化が起こることもあります。それは、ある環境の変化によって、同方向への個体の変異が重なって起こる現象です。わかりにくいと思いますので、例を挙げましょう。

たとえば、育ち盛りのときに、おじさん世代は硬いスルメばかりを食べていたのに、若者世代はやわらかいハンバーグばかり食べていたとします。そうすると、食生活という文化的な環境要因によって、おじさん世代は噛む力で鍛えられて頑丈な顎をもっていたのに、若者世代になるにつれて華奢な顎になるという変化が起こり得ます。

ここでは、おじさん世代も若者世代も遺伝子組成は同じです。集団内の遺伝子組成は変化していないので、自然淘汰による適応的進化でも、偶然に生じた突然変異による中立的な進化（変化）でもありません。このように、個体が遺伝子を変えないで環境に合うように変化することを「調整現象」と呼びます。

こうしたことをふまえて、頭の形の話に戻りましょう。

一つの集団の頭の形が時代とともに変化するのは、集団の遺伝子組成の変化によるもの、つまりは「進化」か、ある環境要因によって一斉に引き起こされる同方向への個体変異、つまりは「調整現象」の集積か、あるいはその両方が重なった結果か、のいずれかしかありません。さらに、遺伝的な変化（＝進化）の場合は、環境に適応するために起こった進化なのか、偶然でたらめに起こった進化なのかという二つの可能性があります。

変化が起こった原因を理解するには、具体的にどんな遺伝子、どんな環境因子がかかわっているのかを特定しなければなりません。つまり、時代とともに変化があった場合、その変化の直接の原因が遺伝子なのか環境因子なのかを確認した上で、さらにはどんな遺伝子、どんな環境因子なのかを特定しなければ、その変化を真に理解したことにはなりません。

頭の形は生まれもったものなのか

では、結局のところ、時代とともに頭の形が変わったのは、遺伝的な変化なのでしょうか、それとも環境的な変化なのでしょうか。

ヨーロッパにおける短頭化現象を発見したワイデンライヒは、短頭化現象とは、頭をより完全な球形にすることによって頭蓋を直立姿勢によりよく適合させようとする調整的な現象である、と考えました。

この考え方は、人類誕生から現代人に向かうまでの大きな進化の流れの中では正しいのかもしれません。しかし、すでに直立歩行に適応しているホモ・サピエンスにおいてさらなる短頭化現象が起きていることを説明するには、ちょっと無理があるように思えます。

ただし、個々のヒトの体に関しては、直立姿勢に対する単純な生物力学的な調整の結果として短頭化や長頭化が起こることは、もちろんあり得ます。ふだんの姿勢が骨の形態に影響を及ぼすことは決してまれではありません。たとえば、ふだんから背中を丸めていると背骨が変形して猫背になったり、いつも片方の肩にカバンを下げていると脊柱側弯になったりする、というのもその例でしょう。

短頭化や長頭化を引き起こしたものは何か、ワイデンライヒ以降も、たくさんの原因候補が挙げられました。それらは、地理的影響（地形や気候）か、社会的影響（文化）、栄養状態（飢餓、過食、ビタミン、カルシウムの摂取量など）、機械的影響（脳の成長による脳頭蓋内圧の増加による影響、顎を動かすときに使う咀嚼筋や首の後ろの筋肉である項筋の影響、外部から頭蓋への持続的圧力）のいずれかに概ね分類されます。これらのうち、どれが主な原因なのかを特定しなければならないわけです。

そもそも、頭の形を決めるのは具体的にどんな遺伝子なのか、どんな環境因子なのかということの前に、遺伝と環境、どちらの要因のほうが大きいのでしょうか。

これについては、同じ集団内での頭の形や顔の形の違い（群内変異）が、どの程度、遺伝子あるいは環境因子によって決定されているのか、ということを調べた結果があります。

同じヨーロッパ人、アジア人でも、当然ながら一人ひとり顔かたちも頭の形も違いますが、その違いは、どの程度生まれもった遺伝子に影響され、どの程度、後天的な環境に影響されるのかということを調べた研究です。その結果を簡単に紹介しておきましょう。

これは、世界のいくつかの集団の双子や親子・兄弟姉妹などの資料をもとに平均的な傾向について調べたものです。人骨ではなく生体を測定したデータなので、皮膚や筋肉などの違いも含まれるため、人骨で比較したものよりも正確性は落ちるかもしれません。私の知る限り、家系図とともに人骨が残されていて、そうしたことも加味して分析されたデータは世界に一つか二つ程度でしょうか。

まず、頭の前後径のバラつきの幅は、64%が遺伝子によって、残りの36%が環境因子によって生じていると推定されました。かかわる遺伝子や環境因子がいくつあるのかはわかりませんが、複数の因子が重なり合った結果と考えられています。

同様に、頭の横幅の違いの72%は遺伝子で28%は環境因子によって生じていて、顔の幅の場合は62%が遺伝子で38%が環境因子、鼻の幅の場合は54%が遺伝子で46%が環境因子による、という結果が報告されています。

ここで「環境因子によって違いが生まれる」といった場合にも、その環境因子が一人ひとりの成長過程のなかで働いて違いが生まれたのか、ある祖先集団からある子孫集団に進化する過程で違いが生まれたのかは、また別の話です。この研究では、双子や兄弟姉妹を比べているので、環境因子による違いとは、一人ひとりの成長過程のなかで環境の影響を受けて生まれた違いを意味します。

これらのことからわかるのは、頭の形も顔の形も、すべて親から受け継いだ遺伝子で決められているわけではなく、成長の途中で環境因子からも相当に影響を受けているということです。つまり、頭の前後径と横幅の比率で表される長頭化・短頭化現象という頭の形の変化も、遺伝的にも（自然淘汰による環境適応的進化によっても）、環境的にも（個体の環境への調整現象の集積によっても）起こり得るのです。

頭の骨と体の骨に関係はあるのか

頭や顔の形は遺伝子と環境の両方の影響を受けるようだということがわかったところで、次に考えるべきは「具体的にどんな遺伝子、環境因子がかかわっているのか」ということですが、集団の短頭化・長頭化現象を引き起こす遺伝子や環境因子を探すにはいろいろな方法があると考えられます。そこで、体のある部位が頭の形と関係していることがわかれば、短頭化・長頭化現象の原因にたどり着くヒントが得られるかもしれません。そう期待して私が行ったのが、全身の骨の計測値と頭の前後径（頭蓋最大長）、頭の幅（最大幅）との関係をしらみつぶしに調べるという研究でした。

この研究をはじめたのが1992年ですから、今からもう30年ほど前のこと。頭の形と体の骨との関係なんてごく基本的なことですから、「当然誰かがすでに調べていて分析結果が出ているはずだから、その結果をもとに次のステップの研究を行おう」などと思っていたものの、世界中の論文をどんなに探しても私が求めていた研究結果は見つかりませんでした。

唯一見つかったのは、アメリカのJ・キャメロンが1920年代に行った、頭蓋の部位別の分析シリーズです。キャメロンは一生かかって一連の分析を行ったようでした。ただ、それでも頭の骨と全身の骨を比較して関係を調べるということは行われていませんでした。

そうしたわけで先行研究がなかったので、世界中の人骨のデータを集めるところからはじめ、数十年もの歳月を要しました。何ゆえそんなにも時間がかかったのかといえば、データ集めです。

今の時代なら、人骨が発掘されたときに分析した結果をデータベース化して報告したものもありますが、それはごくわずかです。ほとんどのデータは、遺跡から人骨が発掘されたときに書かれた報告書や論文を図書館で一つひとつ探し出して、必要な数字をノートに写すという方法でコツコツと集めていきました。ちなみに、報告書の多くは日本語のほか、英語やドイツ語、フランス語で書かれていますが、なかには中国語や東欧の言語で書かれたものもあります。論文の詳細はわからなくても、数字はわかりますから、なんとか読み解き、本当にコツコツとデータを集めていきました。

そうやって数十年かけて集めたデータを、２０１４年の退職後にようやくまとまった時間が取れるようになったので、すべて整理して入力し（これにも４年半かかりました）、最終的にパソコンで解析するわけですが、解析にかかった時間はほんの数分、いえほんの数十秒でした。

いずれにしても、そうやって長年かけて世界中のデータを集めて調べた結果わかったことの一つは、頭の前後径は体の大きな骨の計測値と強い正の関連をもっているということでした。その一方で、頭の幅のほうは、体のどの骨ともほとんど無関係でした。この傾向は男性でも女性でも同じでした。

頭の前後径と正の関連があったのは、具体的には、背骨の大きさ（椎体の前後径）、胸郭の前後径、上腕骨の太さ・長さ、骨盤の幅と高さ、大腿骨の太さ・長さ、脛骨の太さ・長さです。これらの骨が太くなる（長くなる）と頭の前後径も長くなり、逆に、これらの骨が細くなる（短くなる）と頭の前後径も短くなることがわかりました。こうした、一方が大きくなれば他方も大きくなり、一方が小さくなれば他方も小さくなるという関係を、「正の相関」または「正の関連」といいます。

この結果から、短頭化・長頭化現象の原因として、三つの候補が推測されました。それは、骨盤の形と、体の大きさ、骨格筋量の時代的変化です。

一つめの骨盤の形がなぜ変わるのかということに関しては、今のところうまく説明することはできません。ただ、お母さんの骨盤の産道の大きさと子どもの頭の大きさには相互関係があることがわかっています。たとえばニホンザルやゴリラ、チンパンジーなどは産道に比べて赤ちゃんの頭が非常に小さいため、スポッと簡単に産まれ出てきます。ところが直立二足歩行を行うヒトの場合、骨盤腔があまりに大きいと内臓が落ちてしまうので、

頭の前後径と強い正の関連をもつ骨（灰色で示された骨）

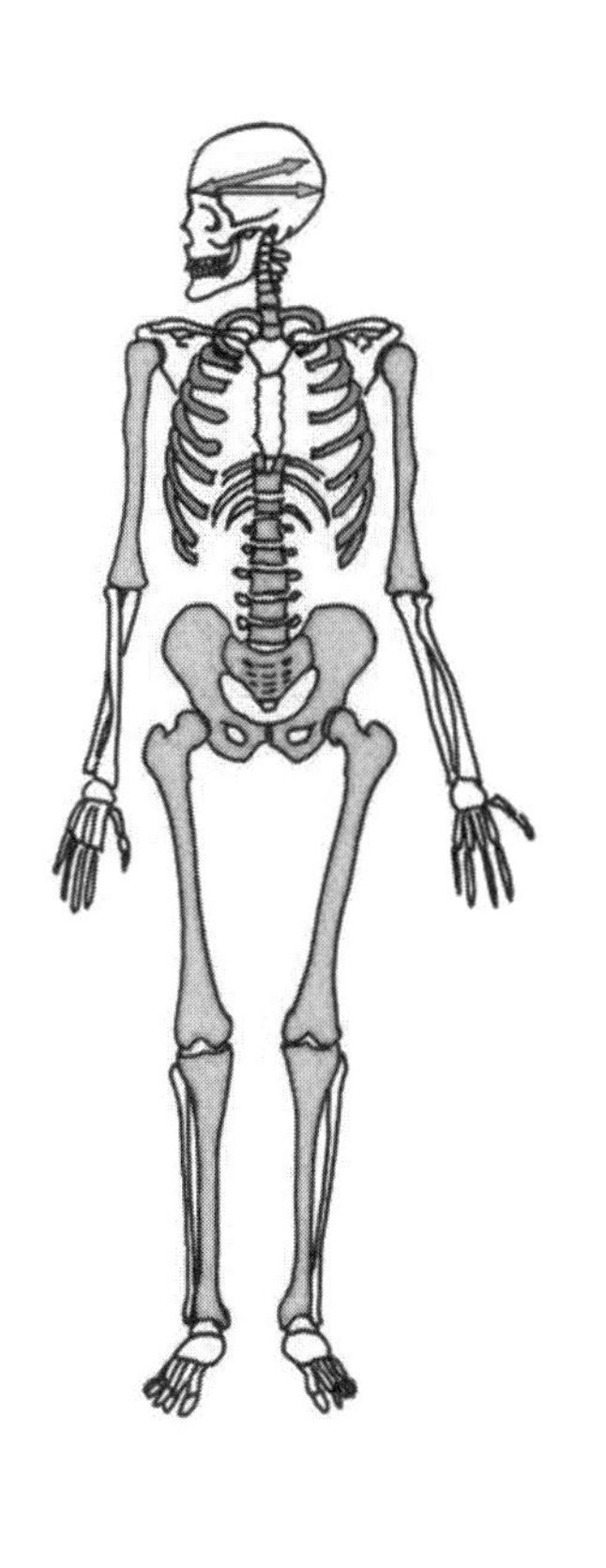

本当にぎりぎりのところで出てくるのです。しかも、赤ちゃんの頭はお母さんの背中を向いた状態から90度回転して横向きになって骨盤を通り抜けます。

ここで思い出してください。骨盤の大きさと正の関係にあったのは、頭の幅ではなく前後径でした。それは赤ちゃんの頭が横向きで通過することに関係しているのかもしれません。

お母さんの骨盤と赤ちゃんの頭が合わなかったら、どちらか、あるいは両方が死んでしまうでしょう。赤ちゃんの頭の形は父親のほうの遺伝子も関係するので、合わない頭の形の遺伝子をもっている人はだんだん淘汰されて、長い時間をかけてみんな同じような遺伝子をもつように進化したのかもしれません。

そうすると、自分自身の頭の形（前後径）と自分自身の骨盤の大きさが正の相関をもつようになることは、十分に考えられるのではないか、と思います。

体の大きさと骨格筋量の変化は、時代とともに食べ物や栄養状態、労働量などが変化することで容易に起こります。これが頭の前後径の時代的変化を引き起こし、結果として短頭化・長頭化現象に一部影響を及ぼした可能性は十分に考えられます。もしそうであれば、体重や筋力などの力学的な環境要因も頭の形の時代的変化に関係している、ということになります。

ところで、なぜ、頭の幅ではなく、頭の前後径だけが、体の骨と相関関係があるのでしょうか。不思議に思いませんか。

頭の後ろ側の後頭骨と呼ばれる骨には首の筋肉がくっつく部分があり、私は、その部分が広いか狭いか（つまりは首の筋肉が太いか細いか）で、頭の前後径が変わるのではないかと考え、追加の分析を行ったのですが、残念ながら相関関係は見られませんでした。ただ、この分析で対象としたのは日本人の男性30体と女性20体でしたから、それぞれ１００体ずつなど、もう少し分析対象の数が多ければ、何か関連が見られたかもしれません。

咀嚼筋

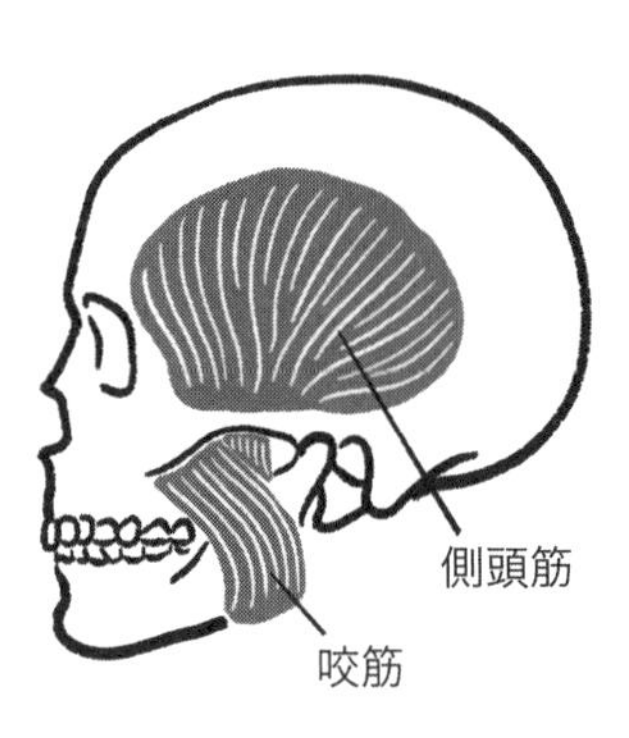

咀嚼筋には４種類の筋肉があるが、それらのうち側頭筋と咬筋は、以前から頭の形との関係が議論されてきた

噛む力と頭の形

体の骨と頭の骨の間には力学的な関係があるかもしれないという話をしましたが、頭（脳頭蓋）のすぐそばには、「顎」という力学的な影響を及ぼしそうな器官があります。

下顎は、咀嚼筋という噛むための筋肉によって動かされていますが、この咀嚼筋は顔の骨（顔面頭蓋）のみならず、頭の骨（脳頭蓋）にもくっついています。ということは、当然、噛む力も頭の形に影響を及ぼすのではないか、と想像されます。

ここで力学的な実験をしたいところなのですが、生きた人を使って実験するわけにはいきませんので、骨の標本を利用してこれらの関係を調べることになります。

噛む力の影響を調べたいときには、うまい具合に自然の実験結果ともいえる「歯のすり減り」という現象があるので、これを利用しない手はありません。歯は、いったん形成されるとあとはすり減る一方なので、すり減りの程度は年齢の推定にも使われますが、噛む力を示す指標としても使うことができます。歯のすり減りの程度が大きいということは、噛む力が強いことが示唆されるのです。

実際、歯のすり減りと頭の形との関係を調べた研究があります。江戸時代人の頭蓋を使って調べた研究です。

その結果によると、予想に反して、咀嚼筋がくっついている部分ではなく、脳頭蓋の後ろ側、後頭骨の下部にある首の筋肉がつく部分の出っ張り具合が、歯のすり減り具合と強い関連をもっていることが明らかになりました。同時に、歯のすり減りの強い個体は、頭(脳頭蓋)が前後に長く、横幅が狭い傾向にあることもわかりました。噛むときには首の筋肉も使うという医学的な研究もあるので、この頭蓋での研究結果も不思議ではありません。

もし年齢の効果を除去したあとでもこのような傾向があるのなら、咀嚼筋や首の筋肉による噛む力の時代的変化も、短頭化・長頭化現象の原因の一つとして考えておく必要があるのかもしれません。

顔かたちを支配する遺伝子

ここまで、頭の形を決める要因の候補として、骨の計測値の分析結果から、体重や筋力などの力学的な環境要因も挙げられることを紹介してきました。さらに、最新の形態学、遺伝学、分子生物学などの技術を駆使して、ヒトの顔かたちにかかわる遺伝子も発見されつつあります。

特に、２０１２年に発表された、ヨーロッパ人の顔に関する国際的な大規模研究は、先駆的な仕事として研究者の間で高く評価されています。この研究は、髪の毛の色や目の色、身長、顔の形態などの目に見える特徴（形質）の遺伝的背景を明らかにすることを目的に、イギリス人とオランダ人の研究者を中心とする30人以上の研究チームによって行われました。

彼らによれば、この研究で、顔の形にかかわる少なくとも5つの遺伝子を特定したとのことです。いずれも目と鼻の付近の形・大きさに関連する遺伝子です。

遺伝子のもとになる「塩基」と呼ばれる化学的要素はヒトの場合、約30億個あります。一つひとつの遺伝子がどのような機能をもっているのかを特定するには非常にお金がかかりますが、現在、病気に関する遺伝子のみならず、生物の形態などに関する基礎的な遺伝子についても、少しずつ特定されつつあります。

いずれ、数年か数十年後には、どの遺伝子が、どんな形態、どんな生理学的な働き、どんな行動を制御しているのか、すべて明らかにされるときがくるでしょう。

それは大きな進歩ですが、ここで、一つの問題があります。

目の色を決定するのはこの遺伝子、鼻の幅を決定するのはこの遺伝子……などと、仮に、私たちの顔かたち、姿かたちの各部分を決定する遺伝子がすべて見つかったとしても、それらの遺伝子はどのようにして私たちの集団に出現し、定着することになったのでしょうか。

この問題は、私たちの体の中の遺伝子を探るだけでは解決には至りません。

もし、私たちの顔かたち、姿かたち（イコール、それらを決定する遺伝子）が、私たちの祖先がもっていた遺伝子に突然変異が起きたりして出現し、環境に適応することによって選択され、定着していったものであるならば、過去の祖先の化石と過去の環境要因の両方のデータを集めて検討しなければ、「なぜそうなったのか」ということはわかりません。そう考えると、この問題の真の解決は、数十年、いいえ、百年経っても難しいかもしれません。

４章のまとめ

ヨーロッパでも日本でも約１０００年前から短頭化がはじまった。

頭の形の変化は、遺伝子でも環境変化でも起こる。

骨盤の形、体格、筋力の時代的変化も、

頭の形の変化を起こした有力な候補。

顔かたちを左右する遺伝子も見つかっている。

自分以外はすべて「環境」

環境という言葉はすでに何度も使っていますが、ここで改めて説明しておこうと思います。環境とは、ある主体に対して、その主体以外のすべてのものを指します。

たとえば、地球上のある湖を主体と考えれば、そのまわりのすべての地表面が環境になります。逆に、その湖以外の地表面を主体と考えれば、その湖が環境になります。主体を何と考えるかによって環境も変わり、大きさの大小は関係ありません。

もしも私たちの体を構成するある一つの細胞を主体と考えれば、体の外に広がっている世界だけでなく、その細胞のまわりに存在する他の細胞もすべて環境となるわけです。

本書では、ほとんどの場合、人類集団を主体と考えているので、人類以外がすべて環

地球表面上の湖

主体を何と考えるかによって環境も変わる

境になります。

人類の環境は、便宜的に分けると、「自然環境」と「人工環境」の大きく二つに分けられます。さらに自然環境は、気温や降水量、日射量などの「非生物的環境」（物理・化学的要因）と、細菌などの微生物や植物、動物という「生物的環境」（つまりは他の生物のこと）に分類されます。

一方、人工環境は、他人、他組織、他国などの「社会環境」と、道具や人工建造物、技術、言語、芸術、科学などの「文化環境」に分類されます。

本書では、このような多くの環境要因（因子）のうち、具体的に観察される気温や湿度などの自然環境要因や、人が自ら活動してつくり上げた採集・狩猟、農業、牧畜生活といった生活様式を文化的環境要因として取り上げます。

もう一つ、一般的な背景として念頭に置いておきたいのは、人類も一つの「生態系」の一部である、という事実です。生態系とは、ある地域にすむすべての生物とその非生物的環境をひとまとめにして、一つの機能系（有機体）と考えたものです。これは、主に物質循環（あらゆる物質、たとえば、炭素や酸素や窒素などの物質分子が、地球上の生物の体の一部になったり、地面の一部になったり、空気の一部になったりして循環していること）やエネルギーの流れ（これも本質的には物質循環と同じことですが、太陽の光によって植物が光合成を行えば炭水化物が生じ、つまり、光エネルギーが化学エネルギーに変わり、その炭水化物を食べた人が発電機を回して電気を生じさせれば、つまり化学エネルギーが力学的なエネルギーに変わり、さらに別の物理的なエネルギーに変われば、また電球を光らせる、つまり光エネルギーに変えることができる、といったエネルギーの流れ）の観点から考えられた概念です。

生物の最も基本的な機能は増殖（自己再生産）することですが、細胞、個体、集団（社会）、生態系も増殖しますので、それぞれ一つの有機体と見ることが可能です。

人類が環境を破壊することは、すなわち、自分の属する一匹の生物（生態系）の体を壊すようなものですから、もし、子・孫の繁栄（＝人類遺伝子の増殖）を望むならば、環境破壊は厳に戒められなければなりません。

こうしたことも念頭に置きつつ、次の章では、環境と顔かたちの関係について見ていきましょう。

顔かたちの違いは偶然か、それとも必然か

環境が顔かたちをつくる

前章までに、頭や顔の形の違いについてお伝えしてきましたが、改めて、私たちの顔かたちはどうして今のような形になったのか、そうでなければならなかったのか、あるいは、偶然このような形になっているのか、ということについて考えましょう。

このことを考える上で一番の問題は、前章の最後に触れたように、私たちの体の各部分の形態（大きさと形）を決定する遺伝子がどのようにして私たちの集団に出現し、定着することになったのかという問題です。

仮に、ある部分の形態をつくり上げている遺伝子が、ある環境に適応することによって選択され、定着してきたものであるならば、その形態はその環境要因と一定の相関関係が見られるはずです。つまり、一方が存在すれば他方も存在し、一方が大きければ他方も大きいというような関係です。しかし、もし、私たちの顔かたちが偶然に今日あるような状態になったのであれば、環境要因との相関は見られないはずです。

すでに前章までに紹介してきたように、頭の形や鼻の形については、いくつかの気候要因と相関があることが多くの研究によって示されてきました。そのなかでも有名なのが、頭の形が気温や湿度などによって違いがあるのかどうかを世界的規模で調べた、アメリカの形質人類学者、K・L・ビールズの1972年の研究です。

ビールズは、現代人の頭示数（頭の幅÷前後径×100）は、暑い乾燥地帯、暑い湿潤地帯、寒い湿潤地帯、寒い乾燥地帯の間で差があり、寒い地域の人たちは短頭（頭示数が大きい）になる傾向があることを発見しました。

もう一つ重要なのは、フランスの人類生態学者、E・クロニエが1979年に行った生体の計測値と気候要因の関係を調べた研究です。クロニエは、ヨーロッパ人、北アフリカ人、中近東人の標本（サンプル）を使って、頭と顔の計測値のみならず、体の大きさも、気温や降水量と相関関係をもつことを明らかにしました。

このことは、私たちの顔かたちだけでなく、体の大きさも、私たちの祖先が住んでいた地域の気温や降水量に影響を受けつつ決定されて今に至っていることを暗に示しています。

ただし、ここで混同してはいけないのが、環境が私たちの顔かたち、姿かたちをつくるといっても、環境を変えれば、今の私たちの顔かたち、姿かたちが変わるわけではないということです。たとえば、降水量と鼻の幅の間に逆相関（降水量が増えれば、鼻の幅は狭くなるという関係）があったとして、降水量の多い地域に移り住めば今の私たちの鼻の幅がすぐに狭くなるという意味ではありません。

大昔のある地域の降水量が、何百年か何千年かの間にだんだん多くなったときに、降水量が多いところで生存に有利だったのは狭い鼻であったために鼻の幅の広い人は死滅し、狭い人だけが生き残って、集団として鼻の幅の平均値がだんだんと狭くなった、ということを意味しています。

なおかつ、遺伝子レベルでも変化しているのかどうかはわかりません。

もし集団の中で、鼻の幅を広くする遺伝子をもつ人が減り、鼻の幅を狭くする遺伝子をもつ人が増えていたならば、集団の平均的な遺伝子組成が変化します。これは「環境適応的な進化」による変化です。

一方、前述した〝スルメを食べて育ったおじさん世代とハンバーグを食べて育った若者世代〟の例のように、集団を構成する大部分の人が、ある環境に合うように変化した「調整現象」のような場合は、たとえ集団の平均的な顔かたちが変化したとしても、遺伝子組成の変化は起きません。

この本で紹介する例の大半は、急激な変化の結果ではありませんので、おそらくは適応的進化の結果だろうと考えています。ただ、本当のことが確認されるまでには、今後なお数十年かそれ以上はかかるだろうと思われます。

環境が歯の形もつくる

ビールズやクロニエなどの分析結果は、気温や降水量など、自然の要因がヒトの顔かたち、姿かたちの形成に大きな影響を及ぼした可能性を示していますが、影響力をもつことが明らかになっているのは自然の要因だけではありません。

たとえば、歯の形質（遺伝子によって決定される特徴）のいくつかは、生活の仕方など、文化的な要因からも影響を受けていることがわかっています。

歯の大きさは、猿人、原人、新人と進化していくなかでだんだんと縮小していきましたが、新人（ホモ・サピエンス）になってからは、全体的にはそんなに変わっていません。ただ、地域によって大きくなったところ、小さくなったところがあります。

たとえば、一般に、ヨーロッパ人の歯は全体的に小さく、オーストラリア先住民の歯は大きいこと、牧畜民であるチベット人の奥歯の幅（歯並びの軸とは直角の方向での幅）は著しく小さいことなどが知られています。これらの違いは、どこから来たのでしょうか。

すぐに思い当たるのは、これらの集団の祖先は食性（食材や食べ方など食に関する習慣）が違っていたのではないか、ということです。

そこで、私は、男性18カ国、女性16カ国の現代人の歯の大きさと食物供給実量のデータを集計し、それらの間の関係を調べてみました。結果を簡単にご紹介しましょう。

その研究では、まず、世界中の人たちがどんな食材の組み合わせで食事をとっているのかを調べました。その結果、地域によって、依存する食材群は大きく3つに分類されることがわかりました。

歯の大きさと食べ物の関係

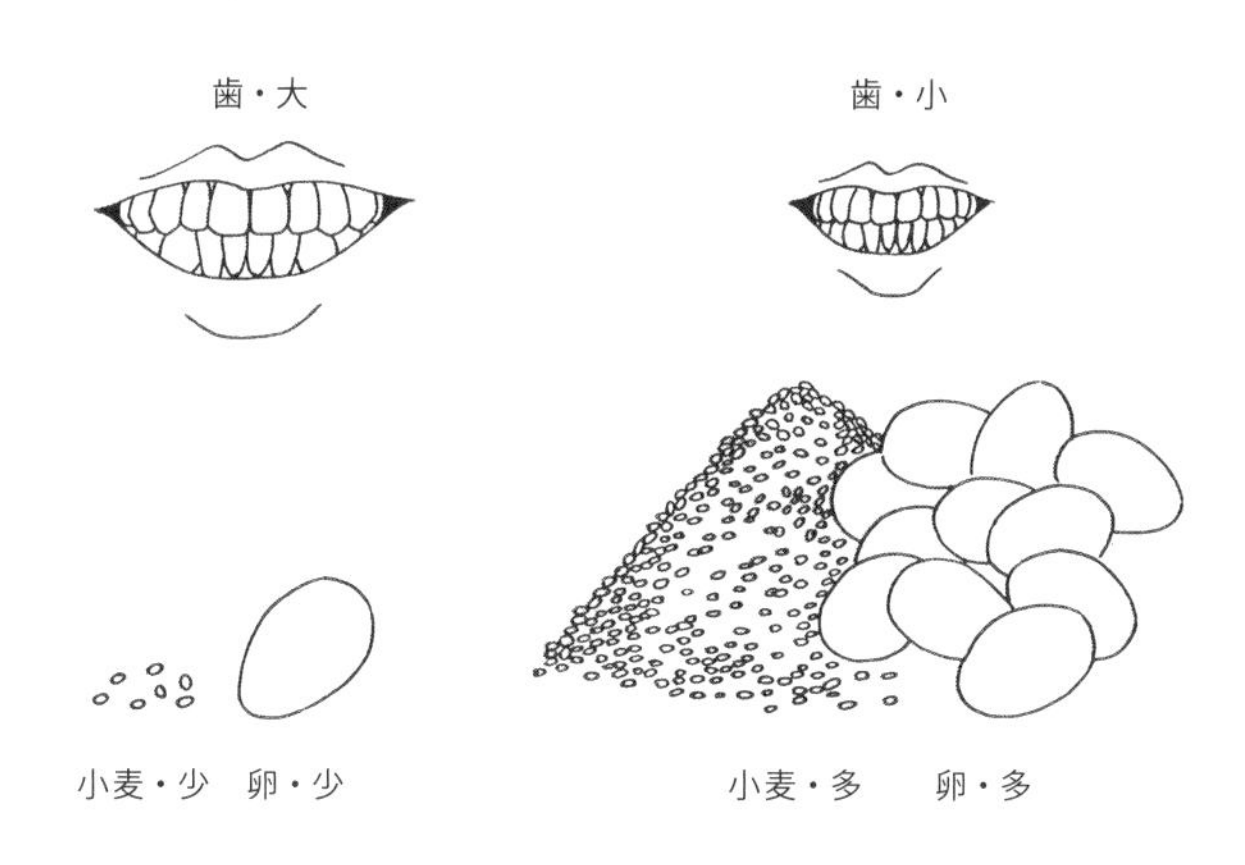

①小麦と卵に代表されるような食材群(小麦、卵、砂糖、牛肉、豚肉、鶏肉、ミルク、バターなど)、②果物類・いも類・豆類が組み合わさった食材群、③魚や米などを中心とする食材群の3つです。日本は、海に囲まれていることからも想像されるとおり、三つめの魚と米の食材群に極端に依存している国です。

これらの食材群と歯の大きさの関係を調べたところ、小麦と卵に代表される食材群を食べている人々の歯は一般に小さく、これ以外の食材群に依存している人々の歯は大きい傾向があることがわかりました。

小麦と卵に代表される食材群に依存してきた人々の歯は小さいという結果からすぐに思い起

こされるのは、中近東やヨーロッパの人たちのことです。中近東やヨーロッパでは、牧畜生活が珍しくありません。

もし小麦と卵などの食材群に依存してきた人たちの歯が小さいという傾向が本当なら、牧畜生活での食性、つまりは、やわらかくて栄養価の高い食物をとるという食性に適応することによって、牧畜民の歯はだんだん小さくなってきたのではないか、と推測されます。

歯と文化的要因（習慣）との関連は、これだけではありません。アジア人に顕著な切歯（上下の前歯）のシャベル形も偶然につくられた形質ではありません。文化的要因が関係している可能性が強く示唆されています。

年配の方はご存じだと思いますが、昔の小中学校では、冬になると石炭ストーブが教室に置かれ、小さなシャベルで石炭をストーブにくべていました。そのシャベルの

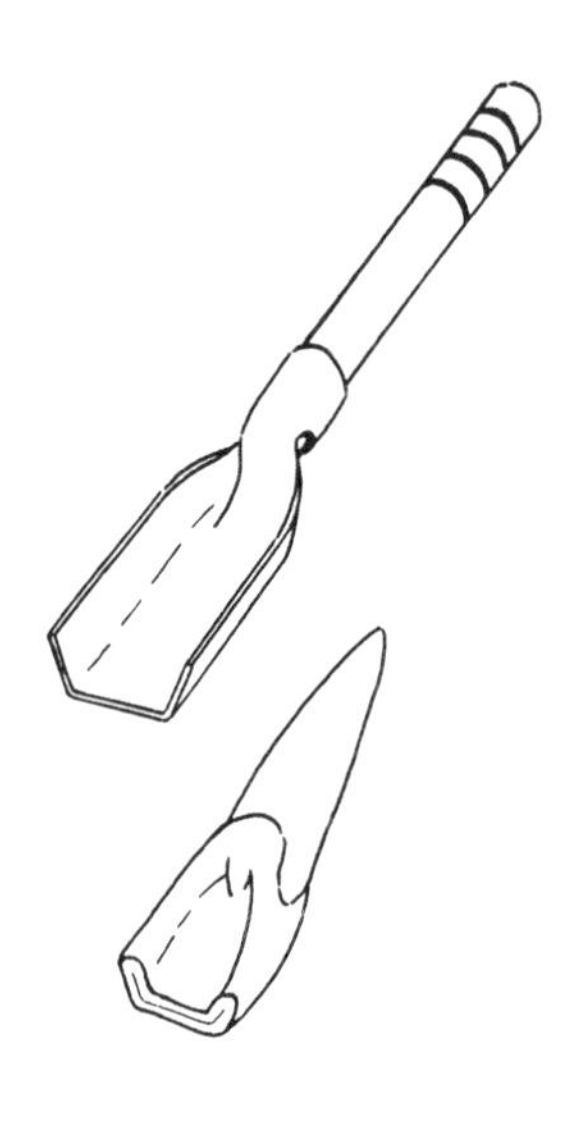

石炭シャベル（上）とシャベル型切歯（下）

シャベル形の発達程度

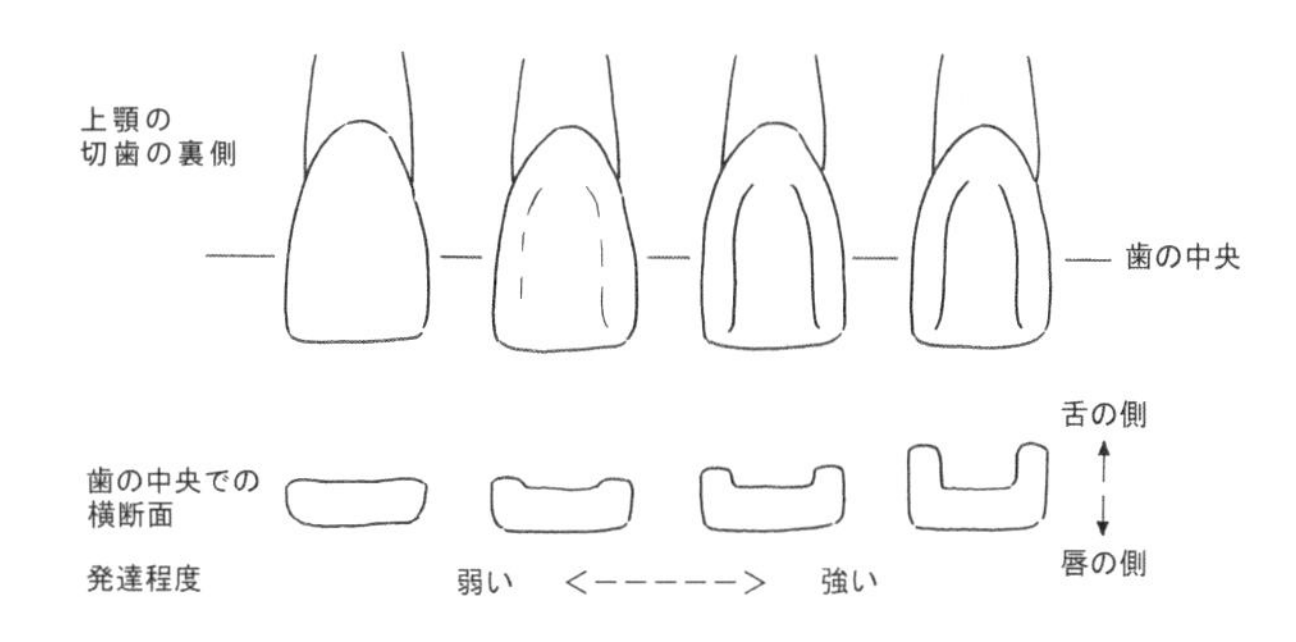

アフリカ人やヨーロッパ人では弱いシャベル形しか見られないが、北アジア人や東アジア人（日本人も含む）では強く発達している。

ことを石炭シャベルといいますが、日本人など東アジア人や北アジア人の切歯は、石炭シャベルと同じような形をしているので、「シャベル型切歯」と呼ばれています。

ご自身の前歯の裏側（舌側）をよく観察してみてください。あるいは、舌の先で探ってみるとわかると思います。日本人の場合、ほとんどの方が、両脇が出っ張り、真ん中がくぼんだシャベル形をしているはずです。

本書では、石炭シャベルのような形を持っている切歯のことを『シャベル型（がた）切歯』、その真ん中がくぼんで縁が隆起しているような特徴（形質）自体は『シャベル形（けい）』と呼ぶことにします。

このシャベル形という形質の出現頻度（集団の中

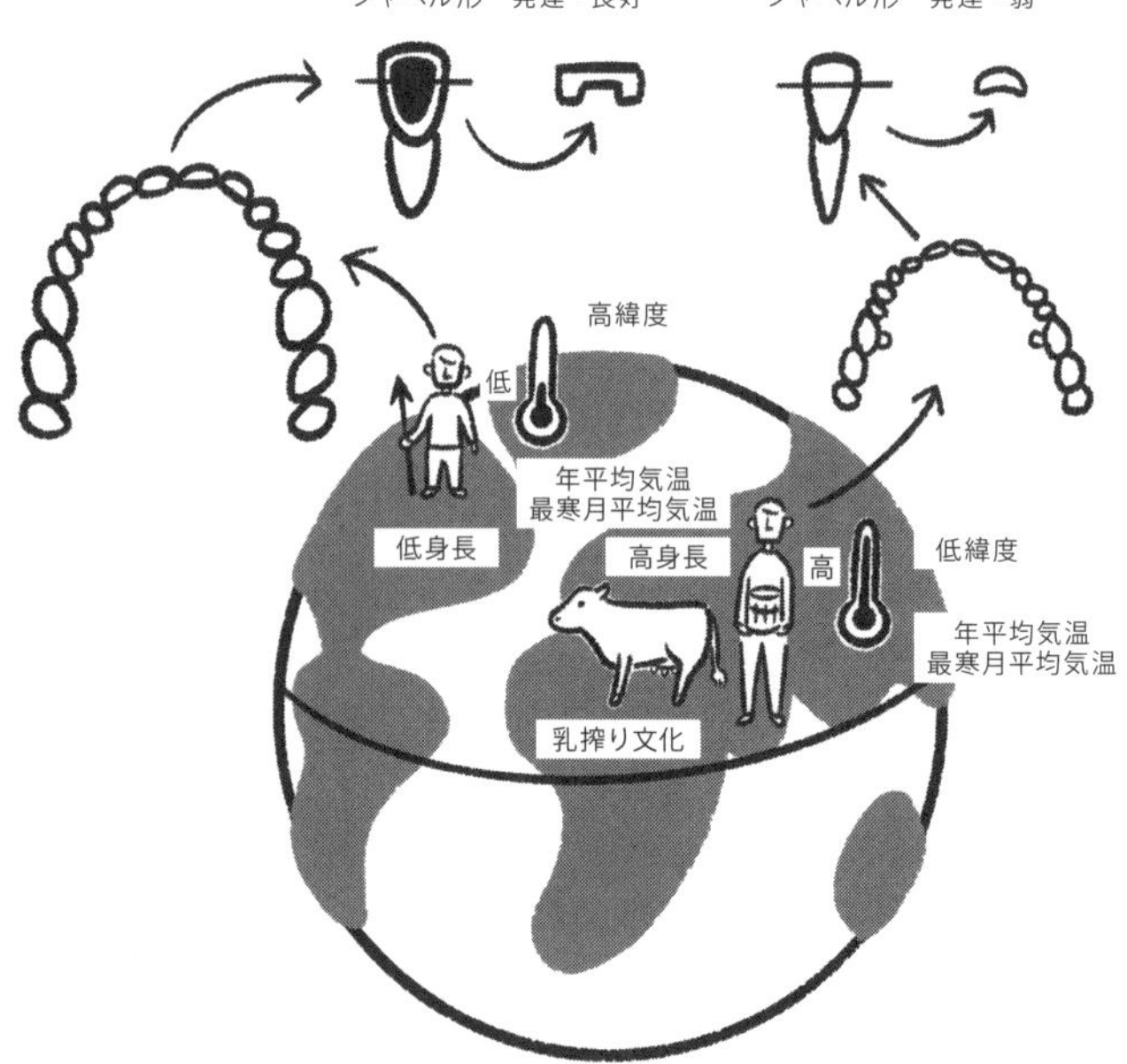

シャベル形と環境要因との関係

で、その形質をもつ人の割合）と気温などの自然環境要因や、生活の仕方などの文化的環境要因との関係を調べたところ、緯度が高く、年平均気温と最寒月平均気温（その地域で最も寒い月での平均気温）が低い地域で、かつ、乳搾り文化をもたない背の低い人たちに、強いシャベル形が高頻度に見られる傾向があることがわかりました。

この事実からまず思い起こされるのは、北極圏に住むイヌイットのような人たちとその生活環境です。北極圏は気温が低く、イヌイットは狩猟民族であることが知られています。

彼らは、非常に強いシャベル型切歯をもっていて、つい数十年から百数十年前まで、犬ぞりの手綱を前歯でくわえたり、何かをつくるときには前歯で材料を固定したりと、いろいろな目的に前歯を使用してきたことが知られています。

このようなことを考え合わせると、おそらく、シャベル型の前歯は、北方に多い大型動物を狩る狩猟生活（弓をつくるときに材料の棒を前歯でくわえたり、獲ったアザラシの体の一部を前歯でくわえて海から氷上に引き上げたりするような活動を伴う生活）という環境に適した結果、生じた構造ではないか、と推測されます。

この解釈は、一般に採集狩猟生活をする集団には強いシャベル形が多いという事実とも矛盾しません。実際、最近まで採集狩猟生活をしていたオーストラリア先住民の前歯にも、よく発達したシャベル形が見られます。

工学的に見ても、断面がコの字型のシャベル型切歯は、アングル棚（ホームセンターなどで見られる、大工用品などが並べてある金属製の棚）の枠のように、少ない材料でつくられているにもかかわらず、強い強度をもちます。特に物を挟んで引っ張るのに最適な構造であると考えられます。つまり、シャベル形は、強い噛む力を出せる顔面構造の一部で、そのような強い力を必要とする原因の一つは、おそらく肉食に関連する狩猟活動であったのだろう、と考えられるのです。

このような解釈が正しければ、日本人を含む東アジア人や北アジア人がより強いシャベル形をもっているのも、その祖先が比較的最近まで（おそらく数万年から数千年前まで）大型動物の狩猟生活を営んでいた証拠であろうと考えられます。

他方、ヨーロッパ人などの祖先は、同じ頃にはすでに狩猟生活から乳搾りを伴う生活の仕方に移行していました。そのため、乳製品など栄養価の高い食物が常に確保されており、狩猟に関係する活動で前歯を道具として使う必要はなかったので、シャベル形も減少する方向に進化してきたのだろう、と推測されます。

奥歯の出っ張りにかかわる生活様式とは

もう一つ、特にヨーロッパ人の上顎の奥歯（第一大臼歯）に多く見られることで有名な「カラベリ結節」という出っ張りも、文化的な環境要因と関係しているという証拠があります。カラベリ結節は、乳搾り文化をもつ生活の仕方に関係しているのです。

ところで、奥歯の出っ張りにまで固有の名前がついているのか、と驚いた方もいるかもしれませんね。歯は動物の体のなかではカルシウムが最も多く、化石としても残りやすいので、歯の細かい溝や出っ張りは、非常に詳しく研究されています。

117ページの上の図ではカラベリ結節の位置のみを紹介していますが、この図に示したような溝やしわ、出っ張りの一つひとつに、実は名前がついています。「カラベリ」というのは、1800年代に初めてこの出っ張りについて論文を書いた歯科医の名前です。

さて、どんな証拠があるのかというと、カラベリ結節と自然環境要因（気温、湿度、降水量）や文化的環境要因（採集狩猟生活、牧畜生活、乳搾り文化、農業生活）との関係を世界的な規模で調べた研究があります。それによれば、比較的乾燥した地域で乳搾り文化をもつ生活を送ってきた人々は、奥歯の幅が狭く、第一大臼歯（前から6番目の歯）だけに発達したカラベリ結節をもつ傾向があることがわかりました。

この結果からすぐに思い浮かぶ例は、ヨーロッパや中近東の人々の歯の特徴と、生活の仕方です。すでにお伝えしたようにヨーロッパや中近東の人々は、「乾燥した地域で乳搾り文化をもつ」という条件に当てはまっています。彼らの例から、次のような推論ができるのではないでしょうか。

まず、家畜・乳製品によって高い栄養状態が保証されるようになった生活の仕方、つまり、牧畜生活では、採集狩猟生活のような栄養価の低い食物を大量に噛まなければならない生活において必要だった大きな歯を保つのはエネルギーの無駄でした。栄養価の高い食べ物を簡単に安定してとれるようになった牧畜生活という環境に適応する進化をした結果、彼らの歯は全体的に小さくなったのでしょう。これは、退化ではなく、構造を縮小化することでエネルギーを効率よく使えるようにした進化です。

では、全体的には歯が小さくなる傾向にあったものの、なぜ第一大臼歯だけには出っ張りができたのでしょうか。それは、第一大臼歯の位置は、顎の構造上、どうしても大きな噛む力が加わる場所なので、下の歯と噛み合う部分が補強されれば、生存上有利だったに違いありません。そこに、うまい具合に（おそらく偶然の突然変異で）できたのがカラベリ結節で、カラベリ結節をもつほうが有利だったので定着していった、と考えられます。

上顎の右側大臼歯のカラベリ結節

（左：ふつうの歯　右：カラベリ結節をもつ歯）

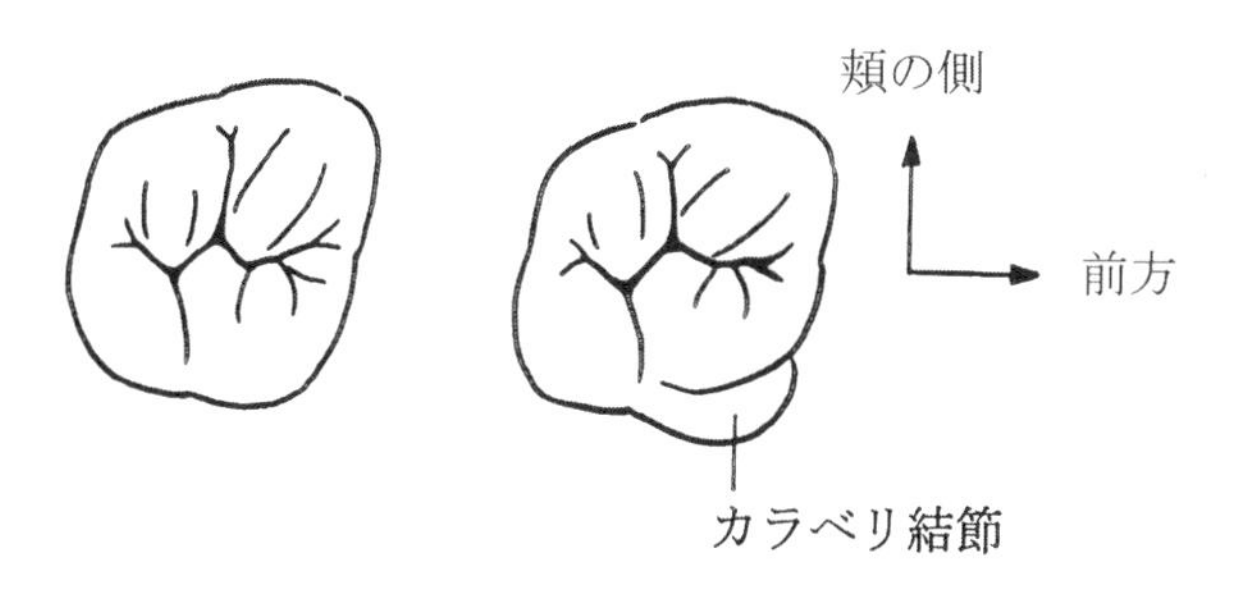

カラベリ結節と環境要因との関係

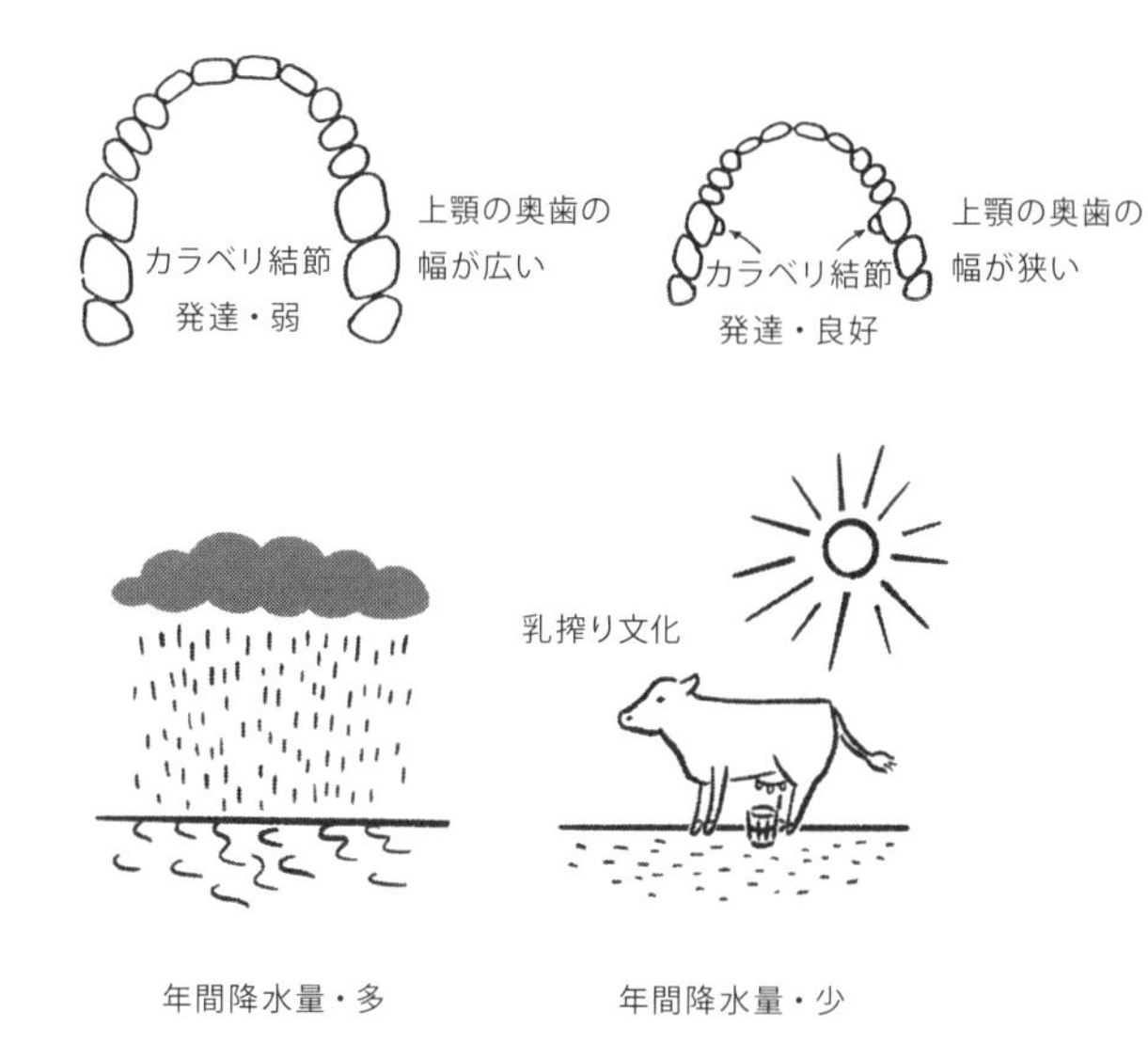

顔かたちの違いには必然的な理由があるのか

さて、これまでに見てきたように、頭の形や鼻の形、体の大きさ、歯の大きさ、前歯のシャベル形、奥歯の出っ張りといった特徴はすべて集団レベルで、気温や降水量などの自然環境要因、または食習慣や生活の仕方など文化的環境要因のいずれかとある程度相関をもっていることが示されています。つまり、少なくとも顔かたちの一部は、偶然につくられたのではない、ということです。

生物の進化の二大仮説の一つとして紹介した、集団遺伝学者の木村資生らが唱えた中立（突然変異）説が正しいとすれば、少なくとも分子レベル（DNAを構成する塩基と呼ばれる要素のレベル）では、生存に有利か不利かは無関係に、偶然に生じた突然変異によって進化（変化）することがあり得ることになります。そうすると、もしかしたら分子レベルだけでなく、もっと大きな規模の形態学的形質（遺伝子によって決定される形に関する特徴）でも、中立に、つまりは偶然に生み出されることもあるかもしれない、と考える研究者もいます。

たとえば、あってもすぐにすり減ってしまう前歯の先にある弱い隆起のように、一般には、あってもなくてもいいような特徴であれば、偶然に生み出されることもあるのではないか、ということです。

もし、私たちの顔かたち、姿かたちも、この中立（突然変異）説のように生じてきたとすれば、現在地球上に見られる、地域による顔かたち、姿かたちの違いも単なる偶然によることになります。しかし、これまでに見てきたように、少なくとも、私たちの顔かたち、姿かたちの一部はさまざまな環境要因とかなり強い関連があることが明らかになっています。

これは、さまざまな環境要因に合うような形質（すなわち、それを決める遺伝子）だけがその環境要因のふるいにかけられ、必然的に残ってきたというC・ダーウィンの自然淘汰（自然選択）説に合致する現象です。

ただし、このように私たちの顔かたち、姿かたちを構成する形質と環境要因との間に相関があることが示されたとしても、次は、なぜそうした環境の変化が起きたのか、つまりは地殻変動や気候の変化はなぜ起きたのか、なぜ今も変化しているのか……などと、さらなる謎に直面します。前にも言いましたが、その謎を突き詰めていけば、最終的には、なぜ宇宙（時間、空間、物質、エネルギーなどなど）が誕生し、変化してきたのか、そこに必然的な理由はあったのか……という物理学の究極の問題にまでかかわってきます。

さすがに、そんな究極の問いに答えることはできません。ですから、この本の中では、この問題にはこれ以上は踏み込まず、ある環境要因があれば必ずこういう特徴（形質）が生ずる、あるいはある環境要因とその特徴の間に相関がある場合には、私たちの身の回りに表れるレベルでは、偶然ではなく「必然的に」そういう結果になる、と表現するにとどめたいと思います。

やはり顔かたちの違いは偶然ではない

この章ではここまで、頭や歯のいくつかの形質が気温や生活の仕方などの環境要因によってふるい分けられつつ、つくり上げられてきたことを示唆する初期の研究を紹介してきました。章の最後に、私が行った、過去7000年間の世界中の集団から集めてきた大

調べた頭蓋の計測項目

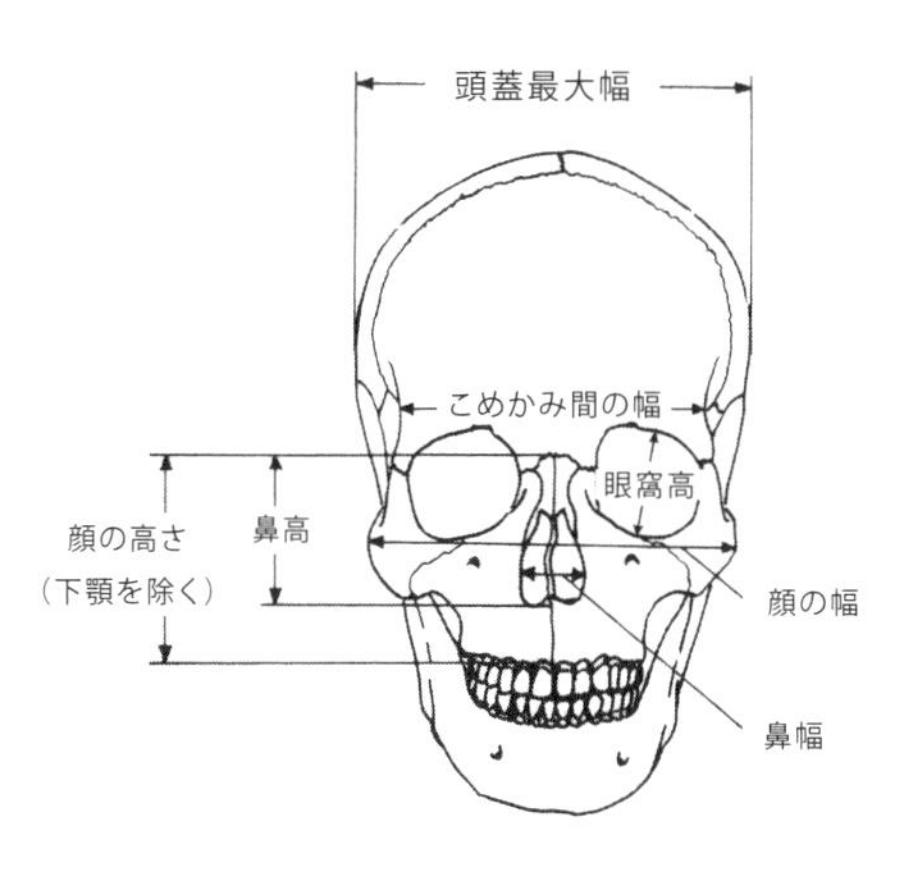

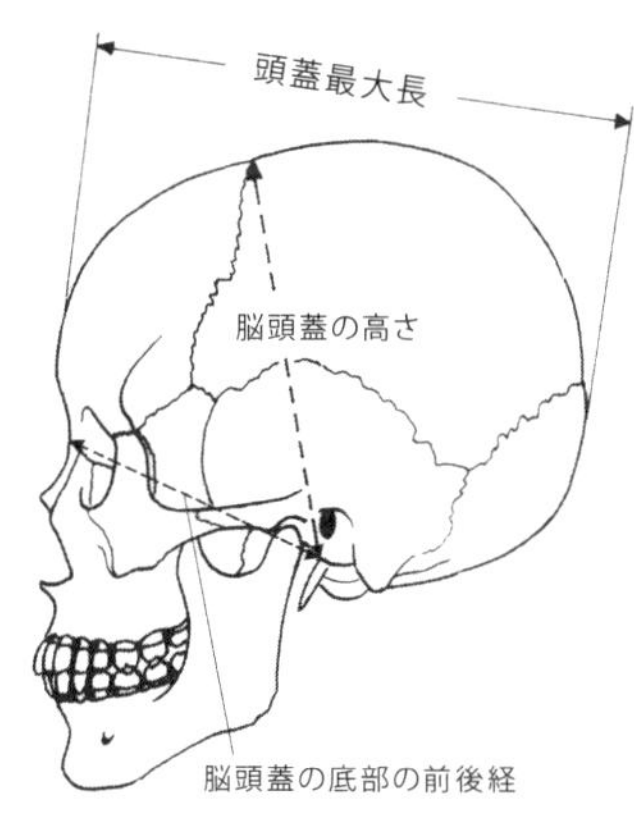

量の人骨データを使った分析の結果を紹介したいと思います。

分析に使用したのは男性が527集団、女性が206集団で、調べた計測項目は頭蓋全体を網羅するように、上図に示した10項目を選びました。ただし、遺跡から発掘された人骨に完全なものはほとんどありませんから、計測項目ごとに計測できる個体数は異なります。

また、過去の環境に関しては、データがほとんどありませんので、この研究では、過去数千年間の自然環境は現在とほぼ同じであったと仮定して、現代の気温や湿度などのデータを使用しました。

結果は、男女のデータともに、頭蓋最大幅と、下顎を除いた顔の高さ（上下の長さ）、顔の幅、鼻高が、高緯度の寒い地域ほど大きい傾向がありました。これが一つめの発見です。

次いで、低緯度の降水量の多い地域では、脳頭蓋（脳の入る部分）の高さが高いことがわかりました。

この総合的な分析の結果は、頭蓋最大幅や鼻高が高緯度の寒い地域で大きいという、以前の研究結果を支持すると同時に、ホモ・サピエンスの進化過程において、頭蓋の他の部分も気温や降水量などの違いに応じて形づくられてきた可能性が高いことを示しています。いろいろな顔かたちは、デタラメにつくられたのではなく、その背景には物理的に説明し得る理由があるということです。

ただ、もちろん、ここで扱った環境要因（気温や湿度など）は非常に限られたものであり、これら以外にも、顔かたちを左右する未知の因子がたくさん存在するに違いありません。今後、もっともっといろいろな環境要因についてのデータを収集し、さらなる検討を行えば、私たちの顔かたちが今あるような顔かたちになった必然性がよりわかってくるはずです。

５章のまとめ

寒い地域の人たちは短頭に、牧畜生活の人たちは小さい歯に、
寒い地域で狩猟生活を送ってきた人の前歯はシャベル型に。
いくつもの証拠が、顔かたちは偶然ではなく、
ある環境要因によって必然的につくられてきたことを示している。

コラム

物理的にも骨の形には必然的な理由がある

5章では、顔かたちや頭の形の違いは偶然ではなく必然的にできた、ということを説明しましたが、そもそも骨は力学的にもその形になる必然的な理由があります。

骨の材質(強度)や力のかかり方などを考慮すると、今あるような形になるべくしてなっていると考えられるのです。たとえば、大腿骨の形一つとってみても、ヒトとチンパンジーとゴリラでは力のかかり方がまったく異なるため、ヒトの大腿骨の形はこうなり、チンパンジーの場合はこういう形、ゴリラの場合はこういう形と、必然的に決まってきます。

そのように、生物の形を力学的に解き明かすのが「生物力学」という学問です。私がこれまでに行ってきた「形の違い」に関する研究も、生物力学の観点からも検証できればより確実なものとなりますが、それはこれからの課題です。

日本人の顔かたちの特徴

北アジア人と東南アジア人の顔かたち

前章の最後に紹介した過去7000年間の世界中からの大量の人骨データによって、顔かたちに最も大きな影響を及ぼしていることが明らかになった環境要因は、気温でした。この章では、気温を基準に、日本人を含むアジア人（男性）の顔かたちの特徴を地域別に見ていきましょう。

気温から大きな影響を受けている頭蓋最大幅と顔の幅、顔の高さ（上下の長さ）、鼻高（鼻の上下の長さ）をもとに、世界中のホモ・サピエンス集団を分類すると、両極端の一方の端にくるのがヤクート（シベリア）やブリヤート（シベリア）、チュクチ（シベリア）のような、極寒の地に住む人々です。そして反対側の端にくるのは、北方ヌビア（1500年前のエジプト）やナカダ（5700年前のエジプト）、南エジプト（6000年前）のような、赤道に近い地域の集団です。

この極めて寒い地域（北アジア北部）と、極めて暑い地域（アフリカ北部）に住む集団を両極端とする軸に沿って、まずは、アジアの北方と南方の典型例であるモンゴル人（北アジ

北アジア南部人と東南アジア人の比較

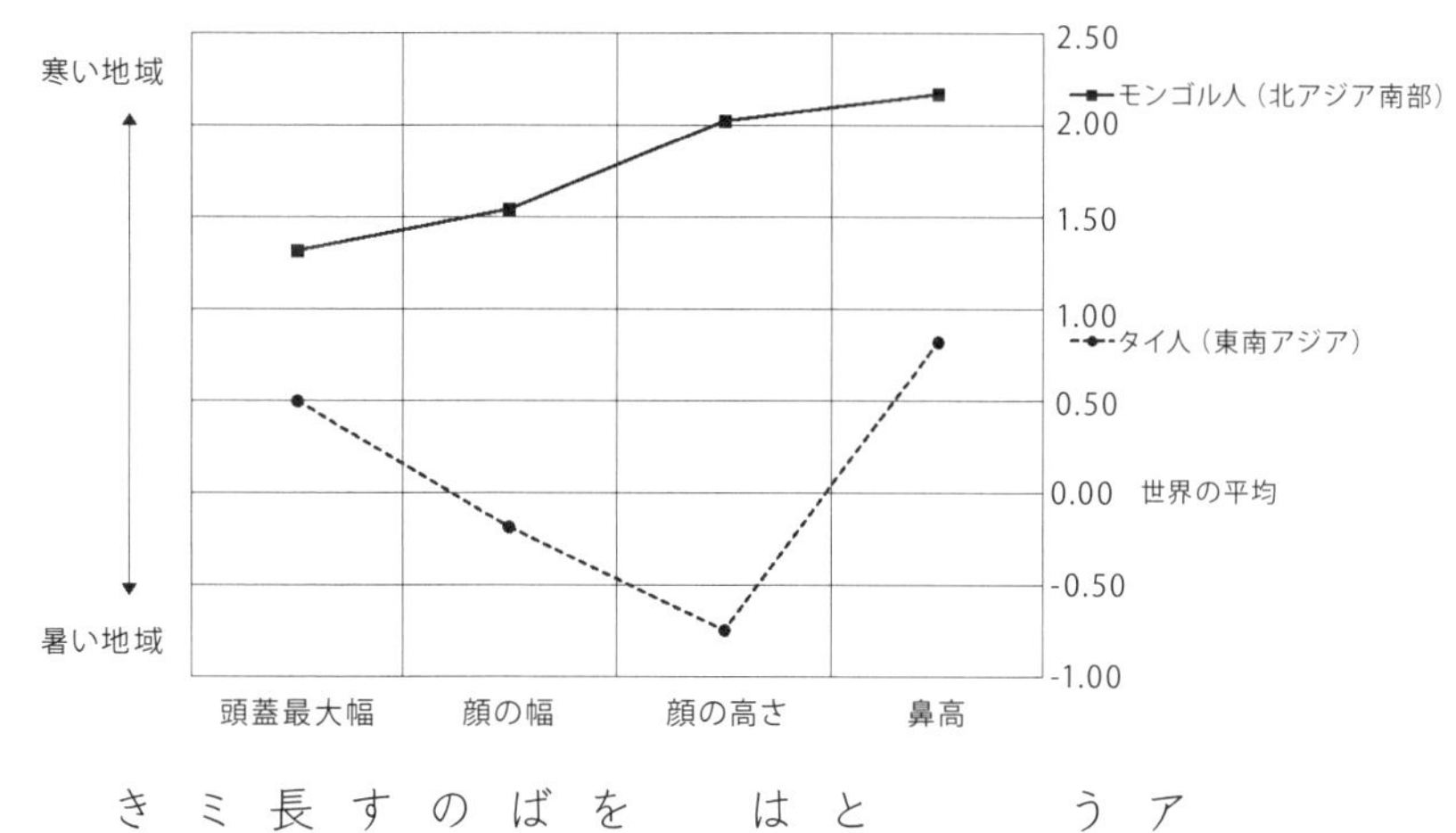

ア南部）とタイ人（東南アジア）がそれぞれどのような顔の特徴をもっているのか、見てみましょう。

上の図は、頭蓋最大幅、顔の幅、顔の高さ、鼻高という4つの項目を、それぞれの計測値そのものではなく、「基準化」してグラフにしたものです。

基準化とは、簡単にいえば、異なる種類の計測値を同じ物差しで比較するための操作のこと。たとえば、身長の大小と爪の幅の大小を比べるときに、背の高い人と低い人の身長差は数十センチにもなりますが、爪の幅の違いはせいぜい数ミリ程度です。身長で1ミリ違っても大差ありませんが、爪の幅が1ミリ違えば随分違います。このようなもともとの大きさが違う、種類の異なるものを比較するときに、尺度を揃えて同じ物差しで比較できるようにするのが基準化です。

具体的には、それぞれの計測値から平均値を引いて、その差を標準偏差で割るという計算を行うのですが、ここでは詳細は省きます。

基準化した値は、「0」が全体の平均値で、一般に、全体の95％がマイナス2・0からプラス2・0の間に入ります。そのため、その範囲を超える個体は、分布の端のほうにある珍しい個体であることがわかります。

こうしたことをふまえて、127ページの図をもう一度見てみましょう。

高緯度の寒い地域に住むモンゴル人の頭蓋最大幅、顔の幅、顔の高さ、鼻高は高い値を示していますが、低緯度の暑い地域に住むタイ人の値は、いずれの項目もモンゴル人よりも低い値になっています。特にモンゴル人の顔の高さと鼻高は2・0を超えていますので、世界の平均的な顔（0）に比べて、顔も鼻もとりわけ上下に長いことがわかります。

これは、同じアジア人とはいっても、北と南の人たちの間には気温という環境要因が左右する顔かたちにおいて大きな違いがあるという証拠です。

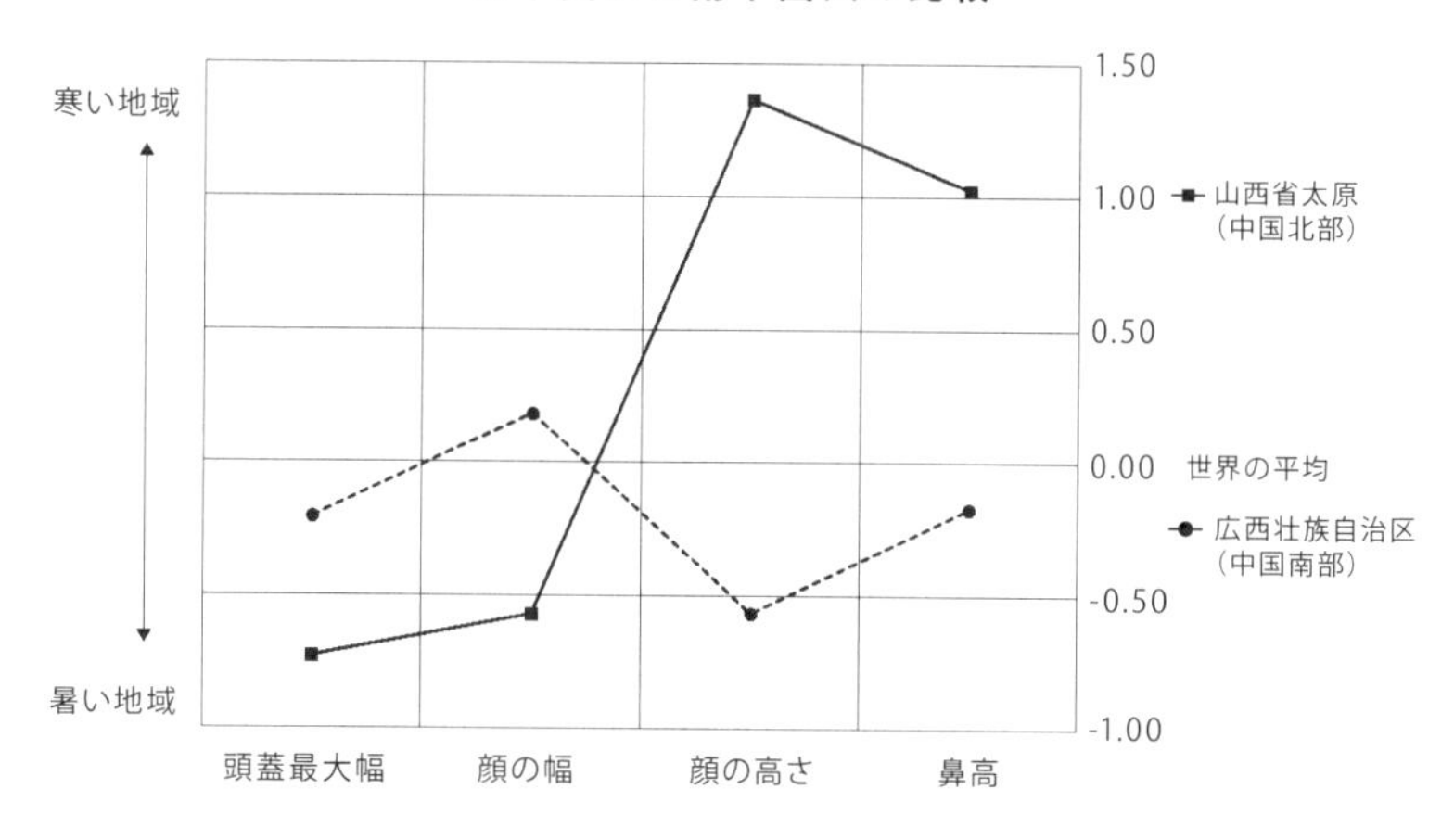

北中国人と南中国人の顔かたち

次に、アジア大陸で広大な面積を占める中国の北部と南部の人たちの顔かたちを、同じように比べてみましょう。中国には多くの民族が住んでいますが、ここでは山西省太原（北部）と広西壮族自治区（南部）の人たちを比べました。

南北中国人の間では、特に顔と鼻の高さ（上下の長さ）に違いがあることがわかります。ここで、図の目盛の範囲は、両者の違いがわかりやすいようにマイナス1・0からプラス1・5にしています。先ほどのモンゴル人とタイ人を比較した図とは異なっているので、その点、お気をつけください。

北部中国人の顔や鼻の高さは、モンゴル人ほどで

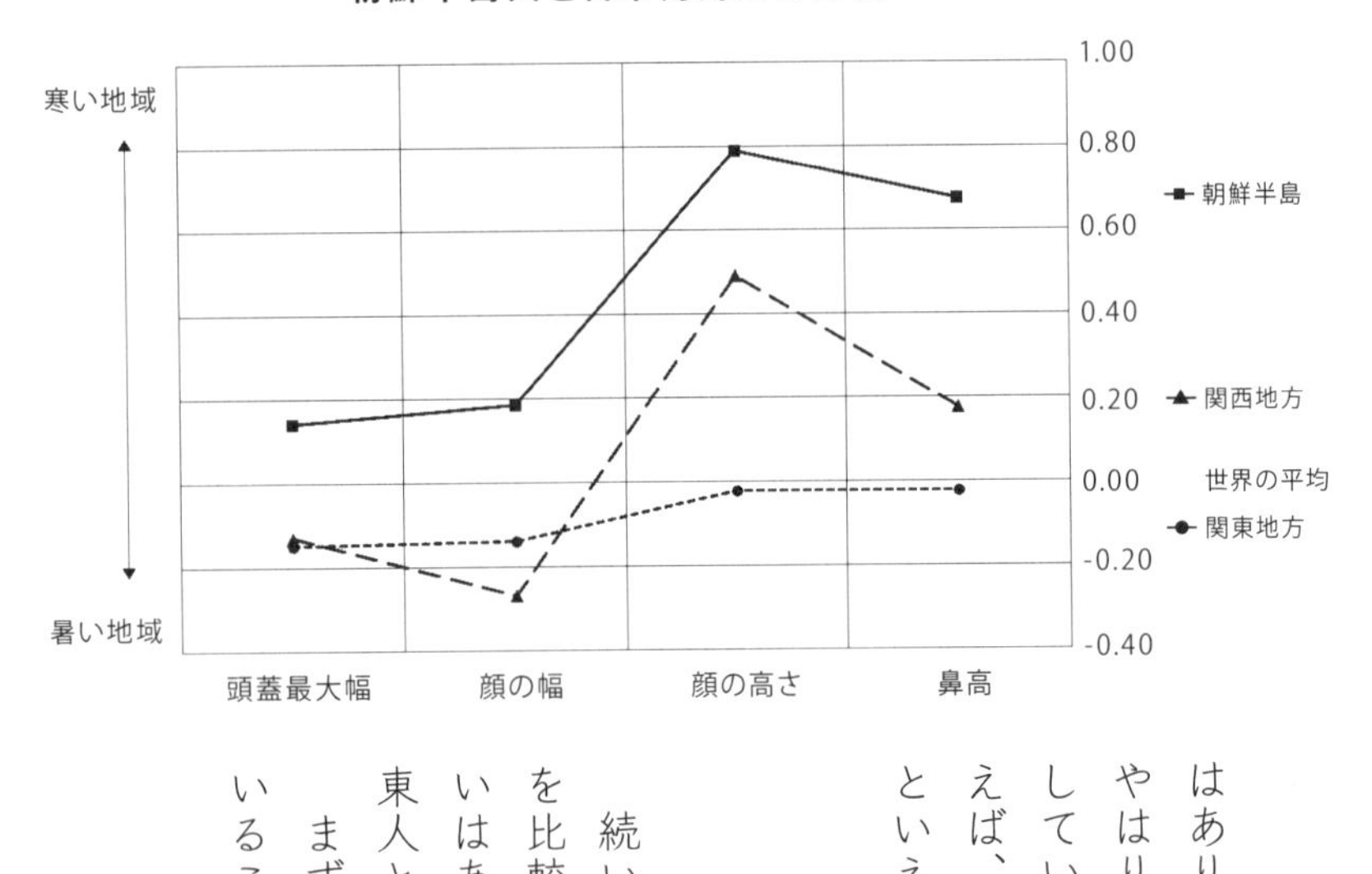

はありませんが、世界の平均を大きく上回っており、やはり、北方の寒い気温に適応していることを示唆しています。他方、南部の中国人は、どちらかといえば、先ほどの東南アジア人（タイ人）に似ているといえるかもしれません。

朝鮮人と日本人の顔かたち

続いて、朝鮮半島と日本列島の現代人の顔かたちを比較してみましょう。日本列島の中でも細かな違いはありますが、ここでは代表的な2集団として関東人と関西人を選びました。

まず、朝鮮半島と日本列島の3集団は非常に似ていることがわかります。この図では縦軸の目盛の範囲をマイナス0・4からプラス1・0にしていますが、いずれの項目もお互いの差が1・0以下しかありません。中国南北集団間の違いとは対照的です。

ちなみに、この3集団の中では、朝鮮半島集団が中国北部の人たちと最も顔のプロポーションが似ています。

ここでさらに興味深いのは、関東人と関西人という日本列島の二つの地方集団のうち、関西地方の人のほうが、より朝鮮半島の人々に顔のプロポーションが似ているということです。この事実は、従来いわれてきた、弥生時代に大陸から渡来民が西日本にまず到着し、子孫は混血しながら東進していった、という混血説と矛盾しません。

日本人のなかでの顔かたちの違い

最後に、日本列島の中での地域間の違いについて見てみましょう。

先ほどは関東人と関西人という2つの集団の違いを見ましたが、多くの人はもっと細やかに「東北の人はこう、沖縄の人はこう……」といったイメージをもっているのではないでしょうか。それこそ、秋田美人、博多美人、京美人なんて言葉もあります。「美人」というのは主観的なものなのでわかりませんが、日本列島の中でも地域間で顔かたちに違いがあることは間違いありません。

そのことがわかるデータを一つ、ご紹介しましょう。生体学を専門とする河内まき子が編集した、1940～50年代のデータです。「なんて古い」と思うかもしれませんが、頭をはじめとした体を計測したデータというのは、たくさんの方々の理解と協力がない限り、今は容易に取ることはできません。かといってそれより古くなると学術的基盤がまだなかったので、そもそも存在せず、非常に貴重なデータなのです。

このデータでは、頭部に関しては「頭の前後径」「頭の横幅」「顔の幅（両頬の間）」「頭示数（頭の幅÷前後径×100）」の4項目がありました。これらのうち、比較的きれいな地理的勾配が見られたのは、頭の前後径のみでした。これを私のほうでグラフ化したのが、次ページの図です。

南西から北東になるにつれて、頭の長さがなんとなく長くなる傾向があるように見えま

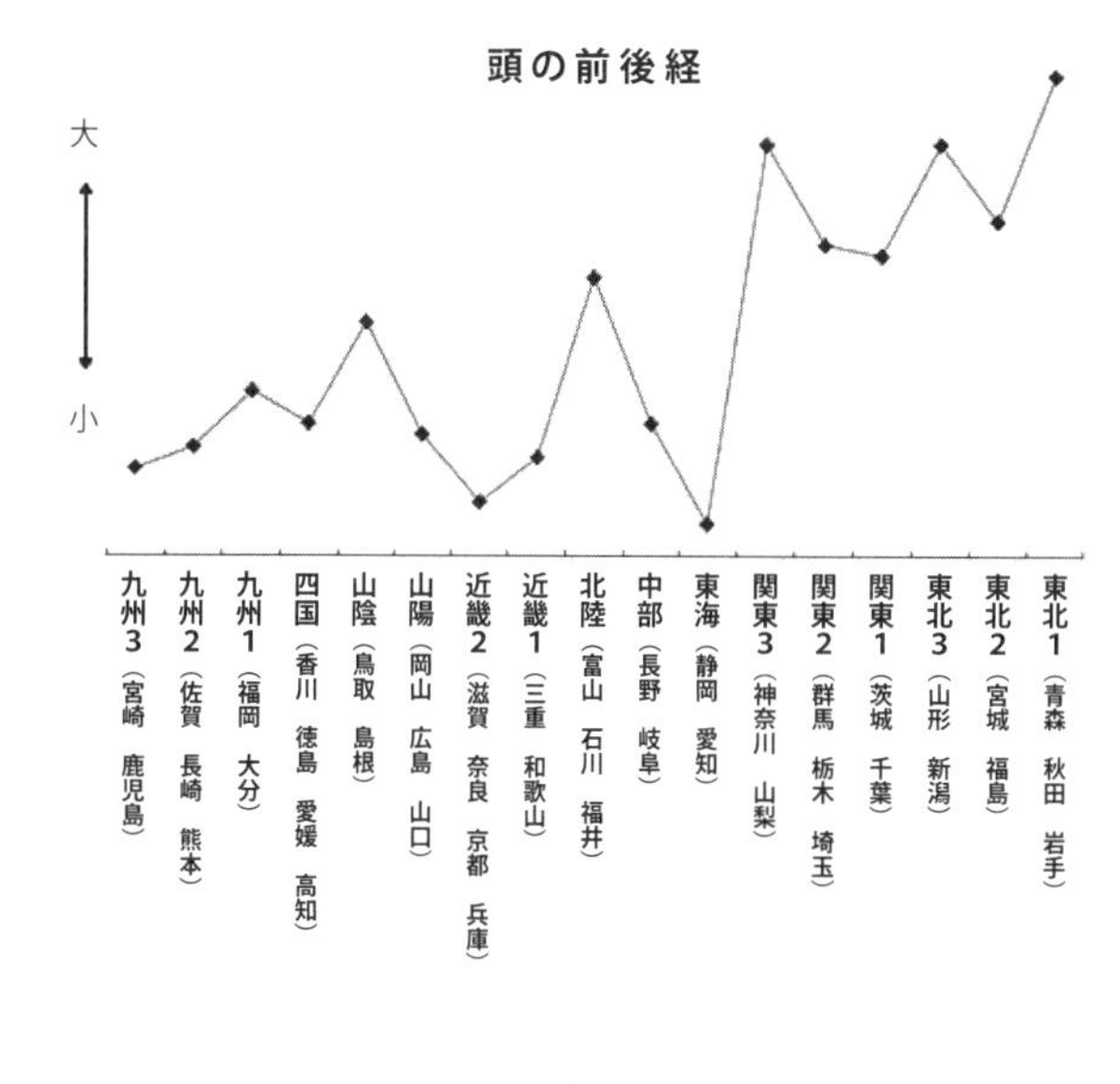

す。ただ、この勾配が、南北地域の気温に適応したことによって生じたものなのか、次の章で紹介するようなルーツの違いに基づくものなのか、あるいはもっとほかの原因によるのかは、今後の研究を待たなければわかりません。ここでいえることは、日本列島の中でも確かに地域による顔かたちの違いがあるということまでです。

6章のまとめ

同じアジア人、中国人のなかでも、北と南では気温に関連のある顔かたちの特徴に明らかな違いがある。

そして、日本人のなかでも地域によって顔かたちには違いがある。

日本人のルーツ

180年以上も論じ続けられている「日本人の起源」

前章までに主に解説してきたのは、「どうして地球上にはこんなに外見の異なる人たちが住んでいるのだろう？」「どうして自分はこういう顔かたち、頭の形なのだろう？」という素朴な疑問に対する答えでした。つまり、ホモ・サピエンスの顔かたちの起源や変異の原因に関する話でした。

ここまでは気温や降水量、あるいは食生活といった自然・文化的環境要因を中心に説明してきましたが、もう一つ、顔かたちの形成に大きくかかわることがあります。それは、前章でも少し触れた「ルーツ」です。

日本人の起源に関する科学的な研究は、P・F・V・シーボルトが『NIPPON』という本を最初に出版した1832年にはじまったと言っていいでしょう。ちなみに、『NIPPON』は20年以上にわたって分冊で刊行されました。

シーボルトとは、江戸末期に来日し、あのシーボルト事件（国禁だった日本地図などを国外に持ち出そうとして国外追放処分になり、関係した人たちも多数処罰された事件）でも有名な、ドイツの医者であり博物学者でもあったシーボルトのことです。シーボルト以来、日本人の起源・形成過程に関してたくさんの仮説が提唱されてきました。

それらを、日本の短頭化現象の発見でも有名な形質人類学者の鈴木尚は、「（人種）置換説」「混血説」「変形説」という三つに分類しました。簡単に説明すれば、先住民である縄文時代人が系統の異なる移住者（渡来人）に置き換わっていったのが置換説、両者が混血して現在に至るのが混血説、先住の縄文時代人の子孫が時間とともに変化していって現在に至るのが変形説です。

鈴木は、現代日本人に占める〝先住の縄文時代人〟と〝日本列島にあとから来た渡来人〟の遺伝子の比率は、置換説では渡来人の遺伝子が１００％になり、変形説では縄文時代人の遺伝子が１００％のままで、混血説ではその中間の値を取る、と考えました。では、この鈴木の分類に従って、シーボルト以降に行われてきた主な研究を見ていきましょう。

まず、欧米の人類学者の多くは、シーボルト以来今日まで、ほとんど一貫して置換説を主張しています。つまり、日本列島に先に住んでいた縄文時代人が、あとから日本列島に来た渡来人に取って代わられ、その渡来人の子孫が現代日本人であるという説です。

１８９０年から１９００年頃になると、日本人の人類学者も日本人のルーツに関する独自の説を提唱するようになりました。そして、１９２６年から49年にかけて、医学・人類学・考古学に精通した清野謙次が提唱したのが、「日本原人説」（または「石器時代日本人説」あるいは「日本人説」とも呼ばれます）です。

これは、現代アイヌも現代日本人も、「日本原人」（日本石器時代人、すなわち縄文時代人は現代日本人の土台を成す人種という意味で日本原人であると考えた）の進化したものと、南北における隣接人種との混血によって生じた、というものでした。この仮説には、進化と混血という二つの要素が入っていますが、一般には混血説の代表と捉えられています。混血説は多少変形されながらも現在まで生き残り、今のところ、日本人形成論の中心的な仮説となっています。

ただし、混血説は、１９５０年前後から80年頃までの間は、前述の鈴木尚らが提唱した変形説、すなわち、縄文時代人は環境の影響によって少しずつ身体的な形質（遺伝子によって決まる特徴）を変化させて現代日本人になったという説に押され、影を潜めていました。

混血説が再び復活したのは、鈴木尚の弟子世代にあたる人類学者の尾本恵市や山口敏、埴原和郎らの研究によるところが大きいでしょう。特に埴原は、それまでの混血説に自分の研究成果も織り込んで、１９９１年に「二重構造モデル」という仮説を提案しました。


二重構造モデルとは、次のようなものです。

まず、現代日本人の祖先集団は南東アジア系で、おそらく後期旧石器時代から日本列島に住み、縄文時代人となりました。次いで、弥生時代から7世紀頃にかけて北東アジア系の集団が日本列島に渡来し、大陸の高度な文化をもたらすとともに、在来の南東アジア系（縄文系）集団に強い遺伝的影響を与えました。その後、南東アジア系、北東アジア系という二つの集団は日本列島内で徐々に混血しましたが、その過程は現在も進行中で、日本人は今でも二重構造を保っている、というのが二重構造モデルです。

日本人はどうやって日本列島にたどり着いたのか

その後も、さまざまな角度から日本人の起源・形成過程に関する研究が行われてきました。私も、日本人のルーツに関する研究プロジェクトを何人かの仲間とともに立ち上げ、それまでになされてきた形質人類学的研究（骨や生体の形態に関する研究から、血液型などの古典的な遺伝標識に基づく研究、ミトコンドリアＤＮＡの解析、ＤＮＡのもとになる塩基の変異に関する研究など過去１８０年間にわたる研究）を改めてひととおり見直し、ホモ・サピエンスが日本列島にどのようにやってきたのかという渡来経路図を作成し、２０１０年に公表しました。

その内容は、次のとおりです。

まず、アフリカで現代人（ホモ・サピエンス）にまで進化した集団の一部が、５万～６万年前までに東南アジアに来て、その地の後期更新世人類となりました（①）。

次いで、この東南アジア後期更新世人類の一部がアジア大陸を北上し（②）、また別の一部は東南へ移動し、オーストラリア先住民などの祖先になりました（③）。

日本列島へのホモ・サピエンスの渡来経路図

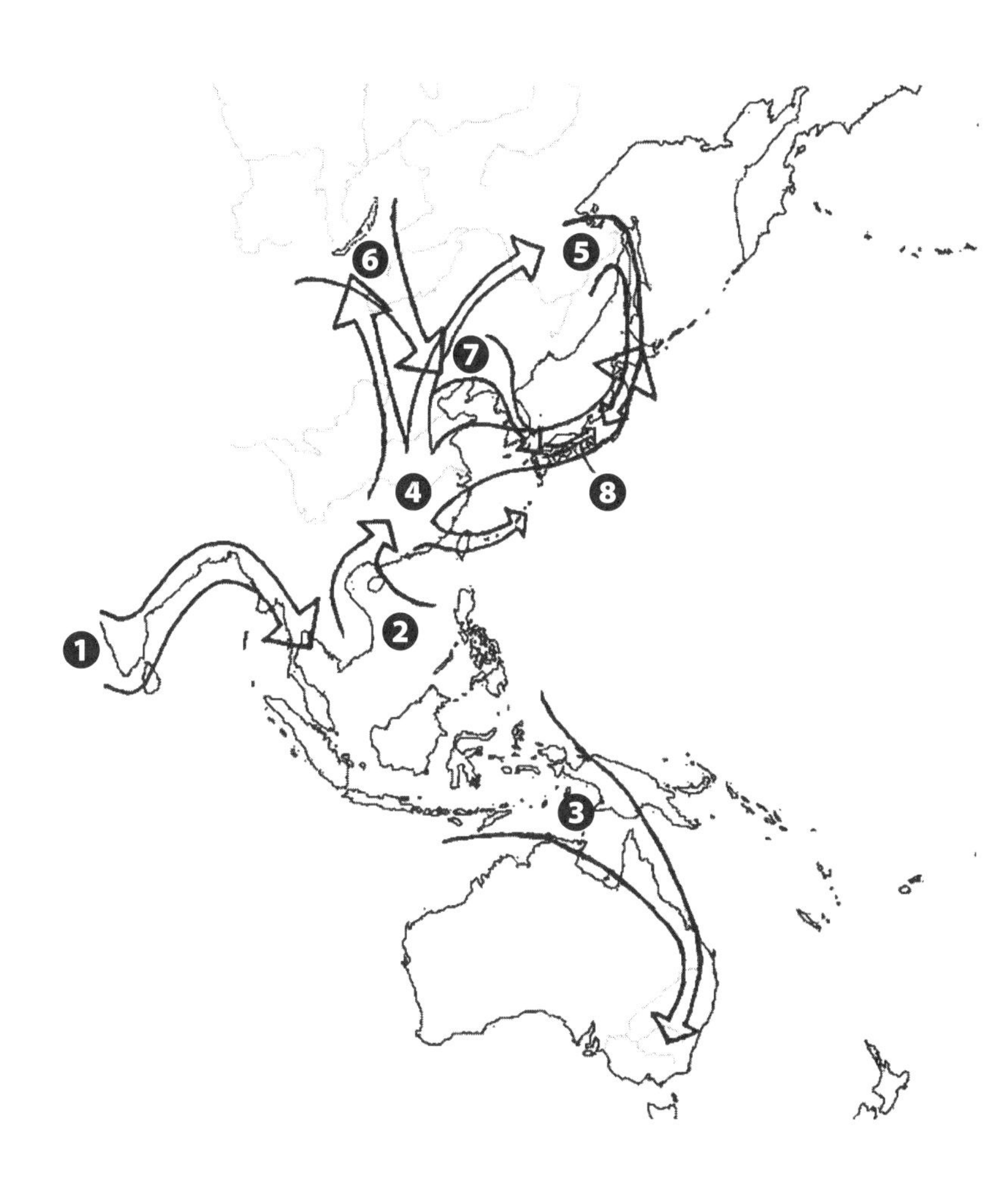

アジア大陸に進出した後期更新世人類は、さらに北アジア（シベリア）、北東アジア、日本列島、南西諸島などに拡散しました（④）。このうち、シベリアに向かった集団は、少なくとも2万年前までにはバイカル湖付近に到達し、寒冷地適応を果たして北方アジア人的特徴を得るに至りました。一方、日本列島に上陸した集団は縄文時代人の祖先となり、南西諸島に渡った集団のなかには「港川人」（沖縄本島南部の具志頭村〔現在の八重瀬町〕の港川採石場で見つかった約2万3000〜1万8000年前の人骨）の祖先もいたと考えられます。

さらに、更新世の終わりの頃、北東アジアにまで来ていた、寒冷地適応をしていない後期更新世人類の子孫が、北方からも日本列島へ移住したかもしれません（⑤）。そして、時代を下り、シベリアで寒冷地適応していた集団が東南へと移動し、少なくとも3000年前までには中国東北部、朝鮮半島、黄河流域、江南地域などに分布しました（⑥）。

この中国東北部から江南地域にかけて住んでいた新石器時代人の一部が、縄文時代の終わり頃、朝鮮半島経由で西日本に渡来し（⑦）、先住の縄文時代人と一部混血しながら、広く日本列島に拡散して、弥生時代以降の本土日本人の祖先になりました（⑧）。

このような推測に基づいて日本列島へのホモ・サピエンスの渡来経路図を作成したのですが、プロジェクトの仲間全員の合意を得ることはできませんでした。そのくらい、この問題に対する見解は多様であるということです。

ただ、このシナリオの大筋は今でもそれほど変わらないと思っていますが、最近、特に古人骨から核DNA（細胞内の細胞核の中にあるDNA）の情報を取り出して分析する技術も発達し、新しい知見が発表されるようになりました。

たとえば、新進気鋭の分子人類学者の神澤秀明とその共同研究者たちは、2019年、北海道北部の島である礼文島の船泊（ふなどまり）遺跡から出土した約3700年前の縄文時代人の男女1体ずつの人骨から核DNAを抽出しました。そして、それらを分析した結果、二人とも、高脂肪の食べ物を処理するのに有利な遺伝子をもっていることを発見しました。この遺伝子は、極地の集団にはごくふつうにあるのですが、それ以外の地域では見られません。

このような観察事実も考え合わせれば、この遺伝子は、北方で漁労・狩猟活動をしていた船泊の縄文時代人の生活の仕方と関連しているのかもしれない、と神澤らは論じました。つまり、縄文時代に北方の船泊に住んでいた人たちは、北極近くに住む人たちと同じように、大型海獣など脂肪組織の多い動物に依存した食生活をしていたので、脂肪を消化できる遺伝子をもっている人でなければ生き残ることができなかったのではないか、と考えられたのです。

古代人骨のDNA分析はまだはじまったばかりです。ミトコンドリアDNAの分析はすでに20年以上の歴史がありますが、核DNAのほうはまだ数年の歴史しかないと言っても過言ではないでしょう。技術的にも経済的にも多くの困難がありますが、日本人の起源・形成過程の解明に、今後、大きな貢献をしてくれると思います。

旧石器時代から縄文時代、弥生時代へ

「縄文時代」や「弥生時代」「旧・新石器時代」「更新世」といった言葉が出てきましたので、ここで、時代区分について簡単におさらいをしておきたいと思います。

まず、縄文時代と弥生時代というのは、みなさんもご存じのとおり、日本における時代区分です。石を打ち砕いてつくった石器を使っていたのが、磨いた石器や土器も使うようになったのが縄文時代で、水稲栽培が本格化したのが弥生時代です。以前は「弥生土器が使われていた時代」が弥生時代と定義されていましたが、最近では、水田による稲の耕作が本格化した時代と考えるのが一般的なようです。

また、それぞれの時代が指す年代についても、みなさんが子どものときに学校で習った年代とは異なっているかもしれません。最近の説によると、縄文時代は、今から1万6000年前頃にはじまり、3000年前頃（紀元前1000年頃）まで、およそ1万3000年にもわたって続いたと考えられています。

そして、使われていた土器の形式によって、「草創期（〜約1万2000年前）」「早期（〜約7000年前）」「前期（〜約5500年前）」「中期（〜約4500年前）」「後期（〜約3300年前）」「晩期（〜約3000年前）」と6つに分けられています。

縄文時代に続く弥生時代は、今から3000年前頃にはじまり、紀元300年頃までの約1300年間を指します。その後は、古墳がつくられるようになった古墳時代へと移ります。

縄文時代の前はというと、「旧石器時代」です。この旧石器時代という時代区分は、日本だけでなく世界的に使われている時代区分です。石を打ち砕いてつくった石器を使って狩猟・採集生活をしていた時代で、その後、石斧や石矢じりなどの磨いた石器を主な道具として使うようになった「新石器時代」へ続きます。日本では縄文時代が新石器時代にあたります。

一方、「更新世」というのは、地質年代における時代区分です。地球が誕生したあとの時代を、岩石や地層に残っている記録をもとに生物の進化史に基づいて区分したのが地質年代で、古いほうから「先カンブリア時代」「古生代」「中生代」「新生代」の大きく4つに分けられます。

このうち哺乳類が繁栄するようになったのが新生代です。新生代はさらに「第三紀」と「第四紀」に区分され、第四紀は更新世と完新世に分けられています。更新世は、人類の歴史でいうと、ほぼ旧石器時代にあたり、完新世はだいたい新石器時代から現在までの時代に相当します。

縄文人と弥生人の顔かたちの違い

さて、これまでの研究から、日本人のルーツを探るカギとなる集団は、「縄文時代人（約1万6000〜3000年前）」と、それ以後に日本列島に渡来してきた「弥生時代人（約3000〜1700年前）」の2集団と考えられますが、一口に「縄文時代人」「弥生時代人」といっても、実はそれぞれの時代や地域の小区分によって、見かけの形態や遺伝子組成も少しずつ異なっていることが知られています。そうした細かい多様性がどのように生じたのかといった問題もありますが、ここではもっと大きな流れとして、「縄文時代人がどこから来たのか」ということに目を向けてみたいと思います。

そのヒントを得るために、縄文時代人と弥生時代人の顔かたちの違いを見ていきましょう。まず、改めて、縄文時代人と弥生時代人がどのような顔つきをしていたのかを具体的に示しておきます。

縄文人（左）と弥生人（右）の男性頭蓋

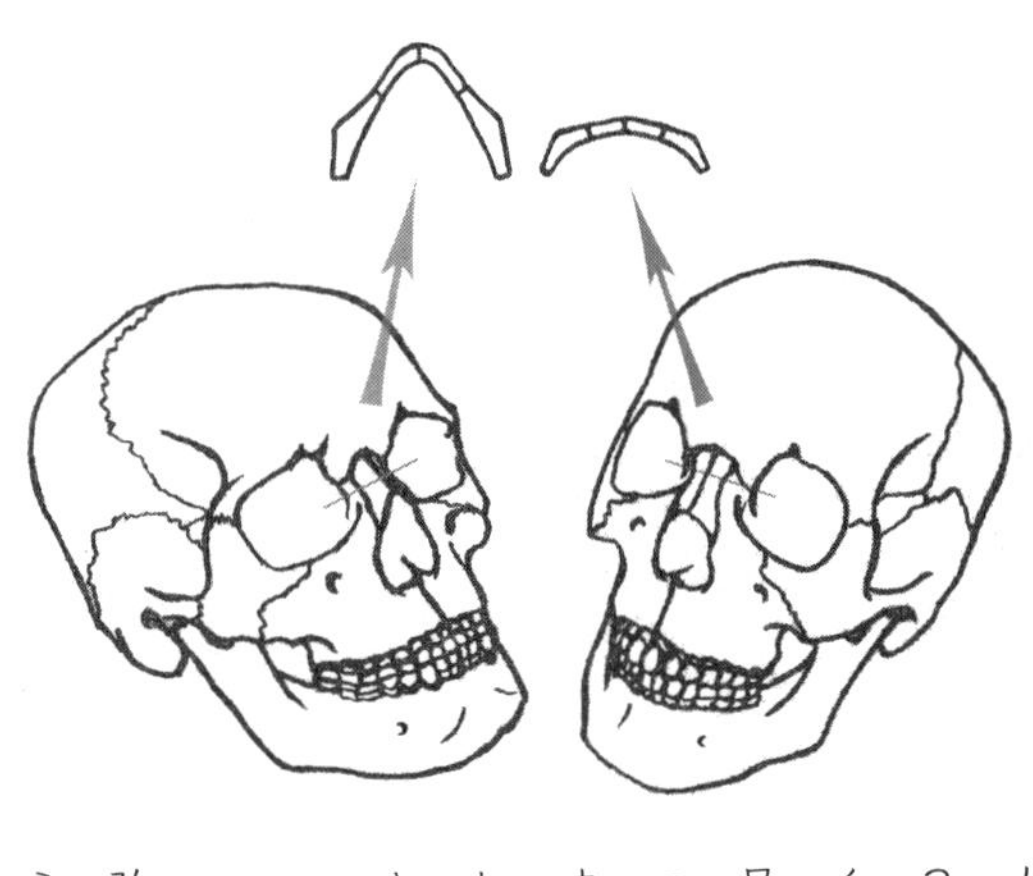

上の図は、典型的な縄文時代人（中期〜後期人）と思われる千葉県の姥山10号（5500〜3200年前）と、典型的な弥生時代の渡来人もしくはその子孫と思われる山口県の土井ヶ浜130号（2800〜2000年前）の頭蓋の図です。二つを見比べてみてください。わかりにくいかもしれませんが、縄文人の鼻の付け根は弥生人よりも隆起し、眼球の入る穴である眼窩の縁は角張っている、といった違いがあります。

さらに、6章と同じ手法を使って、縄文時代人と弥生時代人がホモ・サピエンス全体のなかでどのような顔の特徴をもっているのかを見てみましょう。ここで使った標本は、関東で見つかった約4300

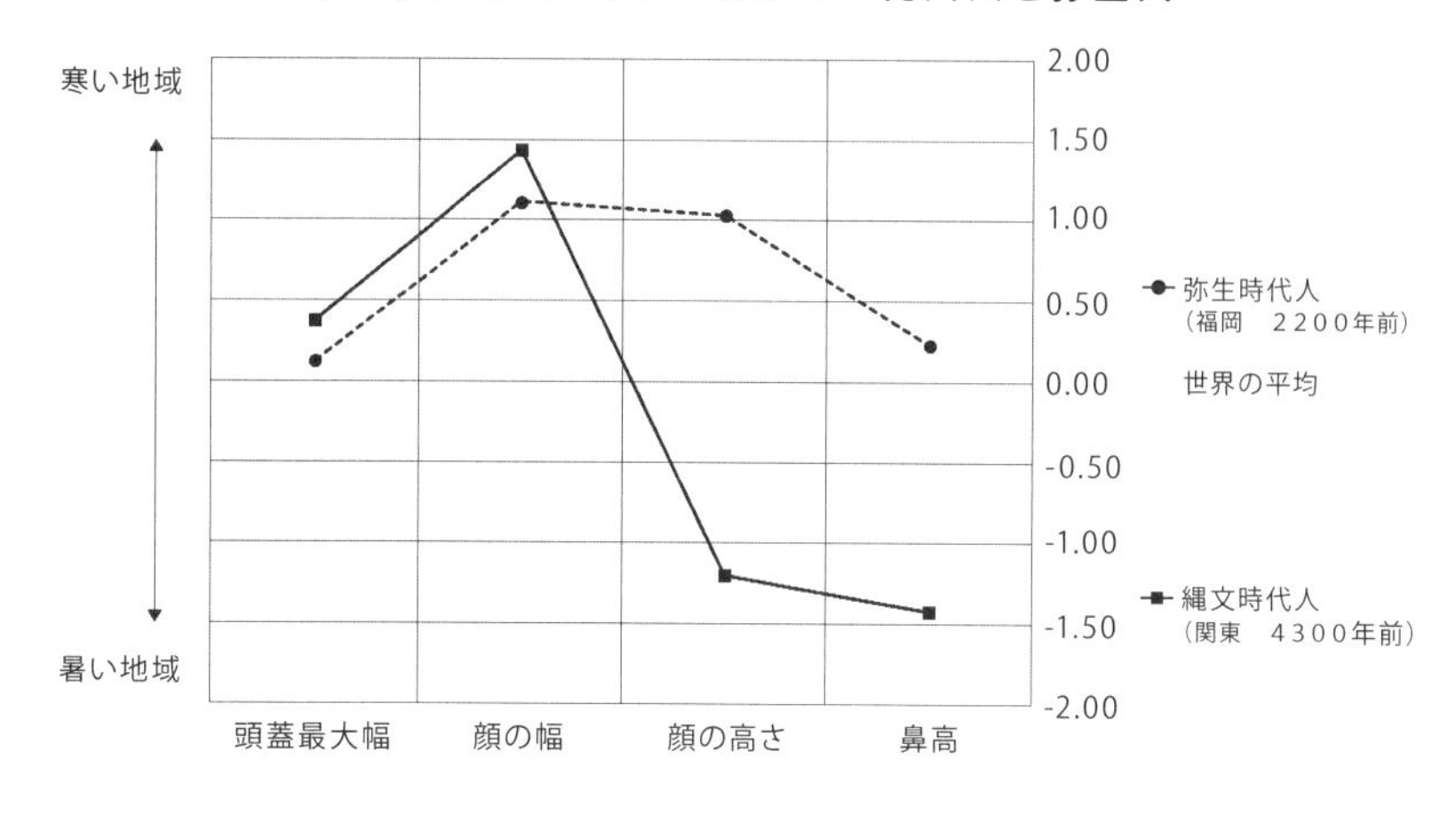

年前の縄文時代人男性の頭蓋（50体以上の平均）と、福岡県で見つかった約2200年前の弥生時代人男性の頭蓋（90体以上の平均）です。

上の図を見ると、どの項目も、右の目盛でマイナス2・0からプラス2・0の間におさまっているので、縄文時代人も弥生時代人もホモ・サピエンスとして特別変わった顔つきをしていたわけではないことがわかります。そして、この2集団の頭と顔の幅はほぼ同じですが、顔と鼻の高さ（上下の長さ）は、縄文時代人のほうが弥生時代人よりもかなり低い（短い）ことが一目瞭然です。

つまり、顔や鼻の高さから見れば、弥生時代人は北方系、縄文時代人は南方系である、といえるのです。

縄文人の祖先を探る

「縄文時代人の祖先はどこから来たのか」という問題について具体的に検討されるようになったのは、実は比較的最近のことです。というのは、縄文時代以前の人骨化石はあまり発見されていなかったのです。

具体的な検討が行われはじめた一つのきっかけは、1982年に鈴木尚が沖縄県で発掘された「港川人」の研究結果を発表したことでした。

港川人とは、沖縄県南部の具志頭村港川採石場の石灰岩フィッシャー（割れ目）から見つかった、約2万3000〜1万8000年前の人骨化石です。化石はほぼ完全なものから断片的なものまでを含めると、最低5個体、最高9個体で、これらをひとまとめにして「港川人」と呼んでいます。

このうち、男性と考えられる1個体（港川Ⅰ号）の頭蓋はほぼ完全な形に復元されたので、この港川Ⅰ号をもとに多くの研究が行われてきました。鈴木自身は、縄文時代人は遺伝的に、中国北部の周口店上洞という洞窟から発見された「上洞人」（約4万2000

東北地方の縄文時代後・晩期人集団と比較された化石人骨

～1万1000年前）や、中国北部の新石器時代人よりも、港川人や中国南部の広西壮族自治区の洞窟で発見された「柳江人」（6万7000年以上前の男性とされていますが、年代・性別ともに疑問視する見方もあります）、中国南部・インドシナ北部の新石器時代人にはるかに近いと考えていました。

果たして、縄文時代人は誰に近く、縄文時代人の祖先にあたるのはどういった人たちだったのでしょうか。

東北地方の縄文時代後・晩期人集団（男性）との違いと典型性確率

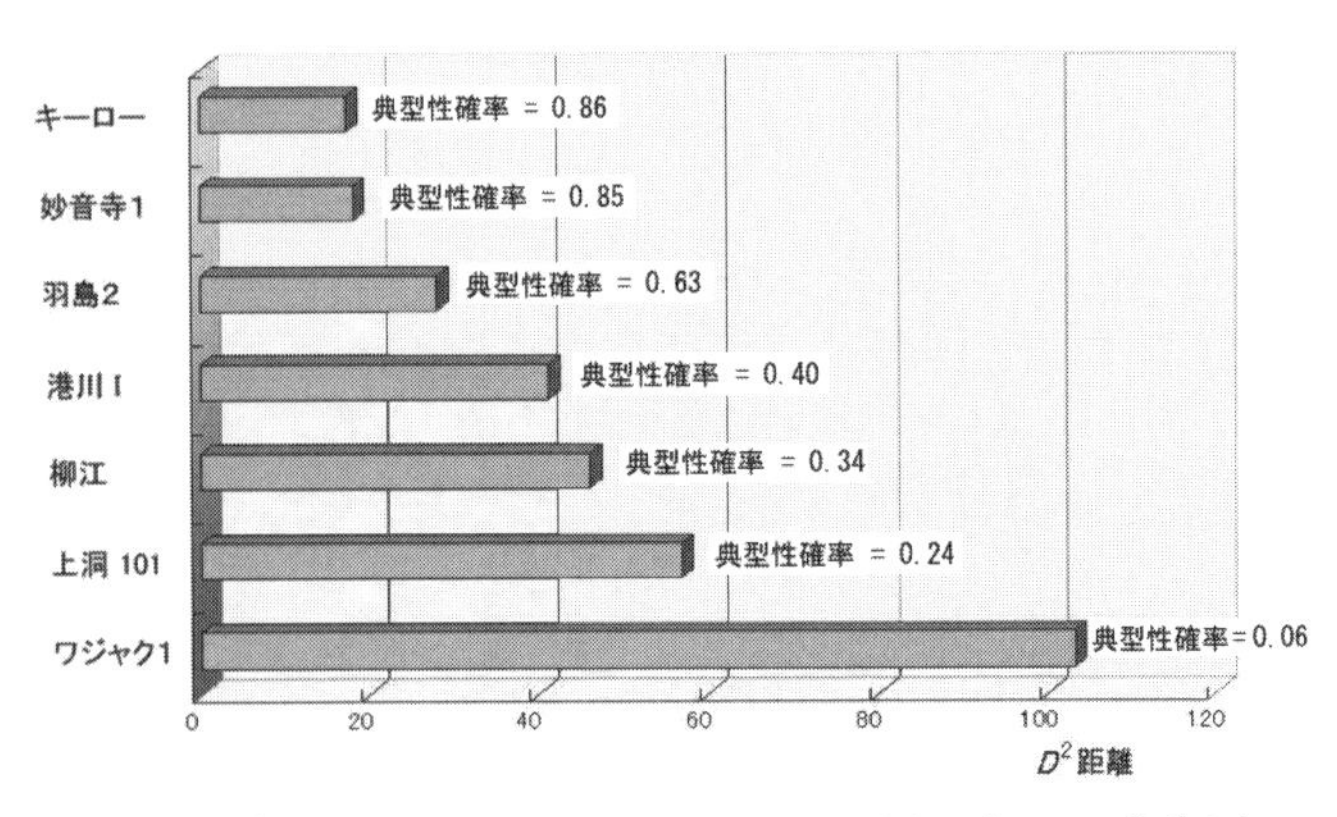

横軸の「D^2距離」は、東北地方の縄文時代後・晩期人集団の平均値と各化石個体の間の総合的な違いを表す指標（13計測項目に基づく）。横棒が短いほど、また、典型性確率が高いほど、似ている

これまでに発見されている縄文時代以前の頭蓋化石で、分析が可能なほどさまざまな項目を計測することのできるものは、アジア・太平洋地域の化石では数えるほどしかありません。そこで私は、縄文人の故郷候補となり得るいくつかの地域から発掘された人骨化石を選び、それらの頭蓋の計測データを用いて、彼らがどれほど縄文時代人に似ているかという分析を行いました。

この分析で対象としたのは、すでに述べた「上洞人101号」と「港川Ⅰ号」「柳江人」のほか、縄文時代前半に対応する時代の人骨化石である、インドネシアの

「ワジャク1号」（約1万3000〜6000年前）とオーストラリア南部のキーローから見つかった人骨化石（約1万6000〜1万3000年前）です。

これらのうち、どの個体が日本の東北地方で見つかった縄文時代後・晩期の集団（約5600〜3200年前の男性）に最も近いのか、つまりは、縄文時代人の祖先としてふさわしいかを検討しました。

さらに参考までに、縄文時代早期（約1万5600〜7800年前）の人骨化石である「埼玉県妙音寺1号」と、縄文時代前期（約8800〜6100年前）の「岡山県羽島2号」との関係も調べました。これらの比較は、「典型性確率」といって、ある個体標本がある集団のメンバーとしてどのくらい典型的かということを確率で求める、という方法で行いました。

この分析の結果は意外なものでした。縄文時代後・晩期人の集団に最も近かったのは、なんと、オーストラリアのキーローで見つかった人骨化石だったのです。86％の確率で縄文時代人集団の一員としてもおかしくない、という結果でした。次いで、ほとんど同じくらいに近かったのが、縄文時代早期にあたる埼玉県の妙音寺1号で、典型性確率は85％でした。

オーストラリア南東部出土のキーロー頭蓋（レプリカ）

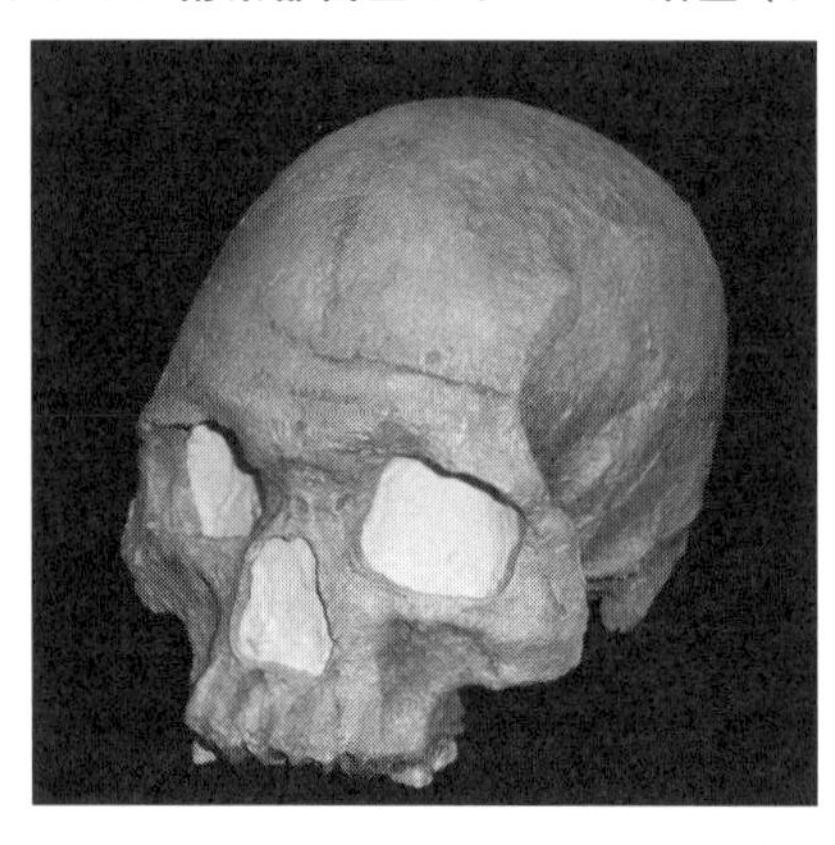

妙音寺1号は同じ縄文時代人ですから生物学的に近いことは当然としても、最も距離的に遠いオーストラリア南部の化石人類（化石として発見される過去の人類のこと）が縄文時代人の祖先候補のナンバーワンになったことには驚きました。実際には、キーローで見つかったものは日本の縄文時代草創期（約1万6000〜1万2000年前）くらいの化石ですから、このキーローの化石人類自身が縄文時代人全体の祖先であることはあり得ませんが、キーローに似たような人たちが縄文時代人の祖先であった可能性は十分に高いということです。

こうした結果から、縄文時代人の祖先を探すには、近隣の中国や東南アジアばかりではなく、遠くオーストラリア周辺にまでわたる広大な地域を探索しなければならないことがわかります。

いずれにしても、この分析においても、まだまだ縄文時代人の祖先候補の化石が少なすぎます。現時点で行える最善の「縄文人の祖先探索分析」であると考えていますが、候補となる化石が増え、より広い範囲で検証を行えれば、さらにわかってくることもあるだろうと期待しています。

ルーツ探しの旅はまだ続く

そうした状況のなか、新しい動きも出ています。ごく最近、沖縄県石垣島の白保竿根田原（しらほさおねたばる）洞穴遺跡から2016年までの調査で出土していた約2万8000～2万7000年前の人骨の分析結果が発表されました。

この遺跡は石垣島の空港建設にあたって2008年に見つかったもので、破片も含めて1000点余りの人骨が出土しています。そのなかには保存状態のよい4人分の更新世人骨もありました。

出土した人骨の研究は、沖縄の古人骨に詳しい土肥直美が中心になって2010年頃から行われてきましたが、その後、若い研究者も加わり、詳細な分析が重ねられてきました。そして2018年、歯や頭蓋の三次元デジタル復元のエキスパートである河野礼子が、白保4号（男性）の頭蓋の復元を完成させ、共同研究者とともにその計測データを人類学の専門誌に発表しました。

河野らによると、白保4号は、日本列島の旧石器時代人や縄文時代人、中国南部やベトナムなどの先史時代人（日本においては旧石器時代人から弥生時代人）に近い、とのことです。もしそうであれば、白保4号のような人々が縄文時代人の祖先の一部であってもおかしくはないということになります。

ちなみに、分子人類学者の篠田謙一によれば、この遺跡から出土した旧石器時代人の人骨のミトコンドリアDNA分析では2個体分の情報が得られたものの、残念ながらその2個体の情報だけでは「遺伝的にどの化石人類に近いのか」といった由来について確定的なことを言うのは不可能である、とのことです。

河野らの頭蓋計測データは、見つかった骨をもとに破片的な資料を苦労して復元したものではありますが、2万年以上も前の骨ですから欠損している部分もあり、その欠損した部分をいろいろな仮定の下に補完・推定した上で求めたデータも含まれているので、厳密にいえば、多少の問題はあるのかもしれません。しかし、それでも、日本人のルーツを探る上で非常に貴重なデータであることは間違いありません。

今後、さらに保存状態のよい人類化石が発見されることを願ってやみません。

７章のまとめ

日本人の成り立ちに関する有力仮説は、
「日本列島に古くから住んでいた縄文人と
大陸から渡来した弥生人が徐々に混血し、
今でもその二重構造がある」という混血説。
では縄文人はどこから来たのか、
その祖先を探る旅は今なお続いている。

違っていることの重要性

「違い」に善悪も美醜もない

世界中を見渡すとさまざまな顔かたちの人がいます。また、日本の中にも地域によって顔かたちの特徴には違いがあることを見てきました。

こうした違いは、しばしば「美醜」や「優劣」「良し悪し」といった価値を与えられがちですが、ここまで伝えてきたように、顔かたちの違いは、気温や降水量、食習慣といった環境の変化や他の集団との混血などによって、必然的に「そうなった」というだけのことです。

良し悪しといえば、昔、歯医者さんから「正常咬合」と「不正咬合」の話を聞いたことがあります。噛み合わせ（咬合）の状態を調査して、たくさんの人に共通している状態が「正常咬合」で、そこから外れる状態が異常、「不正咬合」だ、と。

「不正」と言われるとなんだか良くないことをしているようで、咬合の状態を表す言葉としてはどうなのかと違和感を覚えましたが、学術用語として定着しているのだから、まあいいか、とそのときには考えました。

正・不正、正常と異常といった言葉に対して、私たちは知らず知らずに安易に良し悪しの価値を与えているので、場合によっては注意深く考えなければなりません。

正常と異常を文字どおりに解釈すると、「まさ（正）に常（つね）」と、「常とは異なるもの」となります。いつでも変わることなく同じようなものがたくさんある場合、多数派は「正常」、いつでも見られるわけではない少数派は「異常」となるのでしょうか。単なる数の違いを、「正常」と「異常」という言葉で表現しているにすぎない場合が多々あります。

私たちは、しばしば多数派と少数派に、あるいは二つのものの一方と他方に、善悪、美醜、優劣といった価値を与えてしまいがちですが、これまでの章で説明してきた生物学的な多数派と少数派、たとえば、極寒の地での暮らしに適応した人たちを祖先にもつ北アジアや東アジアの人たちが例外的に一重まぶたをもつようになった——といった変異の状態には、本来、善悪も美醜も優劣もありません。人間がそうした価値を与えない限り、単なる違いでしかないのです。言ってみれば、道端に落ちている石ころが一つひとつ形も大きさも違うということと同じです。

生物が生物たる、最も重要な特徴とは

単なる違いに善悪も美醜も優劣もありませんが、ただ、違っていることは生物にとってとても重要なことです。この違いの重要性について述べる前に、もっと重要な「生物に共通な特性」について少し説明しておきましょう。

昔から多くの人たちが「生命現象とは何か」「生物とは何か」ということを考えてきました。そして気づいたのは、あらゆる生物は自己増殖する、ということでした。つまり、自分で自分（あるいは自分に似たもの）を増やす、ということ。似たようなものに「自己複製」や「自己保存」という言葉もありますが、少し見方を変えて表現しただけで、これらは本質的には同じことを意味しています。

生物にはいろいろな特性がありますが、そのなかで、「自己増殖をする」という特性は、

最も重要なものと考えられています。

しかし「自己増殖するものはすべて生物である」と定義すると、少しおかしなことになるかもしれません。生物が細胞からできていることは、誰もが知っていることです。私たちの体も、無数の細胞が集まってできています。

細胞は、体内という環境のなかで自己増殖し、筋組織や神経組織、上皮組織、骨組織、脂肪組織といった「組織」をつくります。生物学での「組織」とは、細胞がたくさん集まって何らかの機能を果たす構造（形態）をもつようになった、いわば、有機的な細胞集団のことです。

さて、細胞は自己増殖するのだから、生物なのでしょうか。

そう問われれば、「いや……」と首をひねる人もいるでしょう。「自己増殖するものはすべて生物である」という先ほどの定義を当てはめれば、「細胞も生物である」と言わざるを得ませんが、違和感をもった人は、おそらく「細胞」と聞いて、私たちの体を構成している一つひとつの細胞のように、多細胞生物の一部としての細胞を思い浮かべたのだと思います。

ゾウリムシのような単細胞生物を思い浮かべれば、「細胞も生物だ」と違和感なく思えたかもしれませんが、多くの人のもつ生物のイメージは、膜構造に包まれた、外界からは切り離された「個体」としての生物でしょうから、無理もありません。

ただ、多細胞生物の一部としての細胞であっても、一つの細胞にとっては、自分のまわりにあるものはすべて「環境」であり、自分のまわりの細胞も外界にあるものと同じように単なる環境ですから、「細胞は生物だ」と言ってもおかしくはないかもしれません。

生物にはさまざまなレベルがある

では、細胞の集まりである「組織」は生物かと問われると、またしても、それはどうかな、と考えてしまいます。生物には、細胞からはじまる階層的構造があります。

細胞が集まって「組織」になり、組織が集まって「器官（感覚器官や消化器官など、ある機能を果たす、独立した形をもった構造体のこと）」になり、器官が集まって私たちの体である「個体」となり、個体が集まって「集団」になり、集団とそのまわりのさまざまな環境が一緒になって「生態系」を構成する、という段階的な構造です。

組織や器官は、人工的には培養できる場合もありますが、自然に自己増殖することはありません。個体のレベルになると、私たちがそうであるように、自分に似た子どもを産みますので、自己増殖を行います。まさに多くの人がイメージするとおりの生物です。

このように、生物というのはいくつもの部品となる構造体が集まり、ある機能（生命を維持し活動する機能）を果たすようになった物質（有機体）、と捉えられます。

1976年に世界的なベストセラーとなった『利己的な遺伝子』という本を上梓したR・ドーキンスは、生物個体（つまり、私たち一人ひとりの体のこと）は自己複製を行う遺伝子たちの共通の乗り物である、と考えました。

ドーキンスは、体というのはそれ自体では自己増殖するものではなく、遺伝子によってつくられる、遺伝子自身の複製工場である、と考えたわけです。つまりは、遺伝子が自身を複製するための容れ物・乗り物が体、ということです。

また、一つの個体の中に存在している遺伝子は、その個体が属する生物集団のもつ全遺伝子の一部にすぎません。たとえば、日本人がどんな遺伝子をもつ生物なのかということを調べるのに、ある一人の日本人のもつ遺伝子だけを調べてもまったく不十分です。ある生物集団のもつ遺伝子は複数の個体に分散して存在し、その生物集団に属するすべての個体の遺伝子を集めて初めて、その生物集団のもつ遺伝子の全容がわかります。生物集団内の遺伝子の構成や変化を探求する「集団遺伝学」では、ある集団を構成する全個体がもつ遺伝子全体のことを「遺伝子プール（遺伝子給源）」と呼びます。

遺伝子プールが大きければ大きいほど、その集団（あるいは集団と環境が合わさって構築される生態系）は、遺伝的な多様性に富み、多様な遺伝子をもつ個体が生まれる可能性が高まるわけです。

体は遺伝子の乗り物であるというドーキンスの考えや遺伝子プールという概念をふまえると、遺伝子、細胞、個体、集団、生態系もすべて「自己増殖するもの＝生物」と考えられるのではないでしょうか。

集団を存続させるのは、多様性

さて、自己増殖という特性が、各レベルの生物の存続にとって極めて重要であることがわかったところで、次は「違い」の重要性について考えましょう。一つの生物としての「集団」が存続する上で、集団を構成するメンバー、つまりは「個体」の間の違い（変異、多様性）も非常に重要です。

私たち個体の立場としては、あまり考えたくはありませんが、複数のレベルの生物を観察すると、地球上では、どうも同じ個体が継続して存在し続けるのではなく、集団を構成する個体は入れ替わり、集団が、一つの生物として存在し続けるようなシステムが発達してきたように見えます。

当然ですが、個体は死にます。ところが、集団は、いろいろな変異をもった構成員（個体）がいたおかげで、どんな環境状態になっても生き残ってきました。

実は、個体を構成するほとんどの組織は、単に細胞が増殖することによって形成されるのではなく、ある部分の細胞が遺伝子のプログラムどおりに死ぬ（アポトーシスと呼ばれる現象です）という過程も経て、形成されます。

たとえば、私たちの骨は一度つくられたらそのままというわけではなく、古くなった骨は溶かされ、同時に新しい骨がつくりだされるということを絶えず繰り返しています。丈夫な骨を保つために、新しい骨をつくるだけでなく、古くなった骨の細胞は死ぬということも予めプログラムされているのです。

あるいは、ヒトも含む哺乳類の胎児期のある時期には、手足の指の間にカエルのような水かきがあることをご存じでしょうか。この水かきにあたる部分の細胞は、やがて遺伝子のプログラムどおりに死に、分離した指が形成されます。

こうした面では、個々の細胞よりも個体の形成のほうが優先されているわけです。

同じことは、個体と集団との関係においてもいえます。

ある集団が存続するかどうかは、自然（環境）によって遺伝子が選択されることで決定されます。つまり、ある環境に対して適応する遺伝子がその集団の中にあれば、集団は存続し、なければ存続することはできません。

しかし、遺伝子自身が多様性をもつことで環境のあらゆる変化に対しても備えることができるようになっているとすれば、遺伝子の変異さえも予め遺伝子のプログラムに織り込み済みといえるかもしれないわけです。


遺伝子の変異の〝発生装置〟としては、4章ですでに触れたとおり、一つには性現象があります。つまり、男女がいて、両親の遺伝子のシャッフルが起こるということ。また、宇宙線や紫外線などによってDNAが傷つけられることで生じる遺伝子の突然変異も、その一つです。さらに、これもすでに述べたとおり、同じ個体がずっと生き続けていれば新たな変異が発生しないので、遺伝子の変異の〝維持装置〟として、個体の死があります。

こうした遺伝子の変異の発生装置と維持装置によって生き残るのは、集団（すなわち遺伝子プール）です。ここでは、個々の個体よりも、集団の維持・拡大（増殖）のほうが優先されているように見えます。つまり、個体の再生産（自己増殖）だけでなく、個体の死も遺伝子プログラムに書き込まれることになった結果、集団が存続・拡大できるようになった、と考えることができます。

言い換えれば、少なくとも私たちホモ・サピエンスに至る系統の生命が誕生した以降は、ありとあらゆる環境の変化に対して、実質的に無限の違いをもつ個体を発生・維持させることができた遺伝子のみが、遺伝子プール（集団）を維持することができ、今日に至っていると考えることができるのです。

細胞の増殖・死によって個体が形成され、個体の増殖・死によって集団が存続・拡大するという生物の入れ子構造は、実におもしろい（私たち一人ひとりにとっては「実におもしろくない」でしょうか）システムだと思います。

ちなみに、生物のあり方を数学的に解き明かす数理生物学者の巌佐庸は、個体にとって最も不適応と思われる死さえも、集団にとっては適応的に定まっているのかもしれない、とする「死亡の戦略」という考え方を紹介し、議論しています。個体は必ず死ななければならないという理由を説明するものではありませんが、生物個体の死亡率が個体が生まれてからのどの時点で高ければ、あるいは低ければ、集団の存続において有利になるかといったことを示唆するものです。

細胞と個体、個体と集団という関係を見てきましたが、集団と生態系はどうなのでしょうか。いくつもの集団の拡大（増殖）と絶滅によって、地球上の生態系という一匹の大きな生物は変化（進化）してきました。近い将来、この生態系の一部が他の惑星に移植されたならば、生態系も増殖した、ということになります。

自己保存にこだわる遺伝子

生物のもつ特性のなかでも特に重要な「自己増殖」は、自分自身を保存するという意味で「自己保存」といわれることもあります。個体は自己複製を行う遺伝子の乗り物だというドーキンスの考え方はすでに紹介しましたが、多少、擬人法的に表現するなら、「遺伝子が自己保存にこだわった結果、生物集団が繁栄してきて今日に至っている」といえるのかもしれません。

ここからは、生物学的な背景を意識しながら、ほんの少しだけ、人類がつくり上げてきた文化的・社会的現象（つまりは人間の行動）を解釈してみたいと思います。

人類の進化の仕方と他の動物の進化の仕方は、少し異なります。おおざっぱにいえば、ヒト以外の動物は自分の体自体を変化させることで環境に適応してきました。一方、人類は、道具を発明することで、つまり、脳を使って環境に適応し、進化してきました。

もっとも、道具を発明するのは体の一部である脳ですから、脳を含む体を発達（変化）させてきたという意味では、他の動物と本質的な違いはありません。でも、道具という媒介物を使って、間接的に環境に適応してきたという点で、ヒトとそれ以外の動物の進化の仕方は異なる、といえるでしょう。

そのような進化の仕方をはじめてから久しい人類（最初の人類である猿人の誕生からは約700万年、ホモ・サピエンスになってからは約20万年）は、石器からコンピューターまでさまざまな有形の道具だけでなく、言語や音楽といった無形のものも含めていろいろな道具を発明し、文化的・社会的な環境を構築してきました。その過程で、生物学的（遺伝学的）にやや異なる集団のみならず、文化的・社会的に異質な集団もたくさん形成されてきました。

そして現在、地球上に暮らす人類は皆、生物学的にはホモ・サピエンスという完全に同じ種に属する集団であるにもかかわらず、地理的、文化的、社会的に異なる部分集団の間に、一部、排他的な感情が生じているという事実があります。

そのことにも、実は「自己保存」という生物が生来的にもつ特性がかかわっています。

ここでの自己保存の主人公は、「個体」と「集団」です。どのようにして遺伝子が自己保存の方法を身につけたのかはさておき、少なくとも、自己保存という方法を得た遺伝子とその乗り物である個体のみが、自分と同じ（ような）遺伝子をもった個体（子孫）を産み育て、生き残ってきました。

この「自己保存を！」という遺伝子の指令は、いつまでも続きます。子どもが成長を終えるまで、孫がひ孫を産み育てるまで、子々孫々が繁栄するまで……と永遠に続き、自分と同様の遺伝子をもつ個体や集団を守ろうとする行動につながります。それは、遺伝子のプログラムに組み込まれた、生物学的な現象、否、もっと正確にいえば、物理・化学的現象の一面なのです。

象徴するような例が報告されています。

人類学にも詳しい行動生態学者の長谷川真理子によると、インドに生息するハヌマンラングールというサルには、一夫多妻の社会をつくる集団と、複数の雄と複数の雌で構成される複雄複雌の社会をつくる集団があるそうです。そして、前者の一夫多妻の集団では、あぶれた雄がたくさんいて、いつも群れの外で繁殖の機会を狙っているのです。

このあぶれた雄たちは、ある時、一夫多妻の集団を襲い、そこの雄ザルを追い払って、一匹がその座を奪い取ります。さらに、唯一の雄の座を奪い取ったサルは、群れの中の授乳中の赤ん坊を次々と噛み殺し、それによって母親たちを発情させ、配偶の機会を得るそうです。

「なんてひどい」と思うかもしれませんが、赤ん坊を噛み殺すのは、授乳中の雌は発情しない（ヒトは例外ですが、哺乳類の雌には一般に発情期があり、そのときしか雄を受け入れません）からです。また、子どもが育ち授乳が終わるのをゆっくり待っていては、自分がその座を奪い取られかねないという理由もあります。

この例は、明らかに雄ザルの個体（のもつ遺伝子）が自分の遺伝子を残そうとする、自己保存の特性に基づいた行動です。同じ種の集団内であっても、個体は自分のもつ遺伝子プログラムに従って、自分自身の遺伝子を保存しようとする行動をとります。まさに、生物の自然な行動なのです。

母親を失った子どもが別の雌に乳を求めて近寄っても追い払われるといった例は、広く動物界に見られます。雄の個体も雌の個体も、自分自身のもつ遺伝子を保存しようとするのが、生物としてふつうの行動なのです。その一方で、子を失った雌のニホンザルが、母を失った子ザルを育てたという観察例も報告されていますが、それは極めてまれなケースです。

愛も差別も「遺伝子の自己保存」の延長線上にある

さて、ここから人間の話に移りましょう。

物資不足になったときのスーパーでの商品の争奪戦や、家族で電車に乗るときの席の取り合い合戦などはしばしば見かける光景ですが、これらも、ここまでに説明してきたような「自己保存」という遺伝子の指令の延長線上にある、といえるでしょう。

家族はたいていの場合、同じ遺伝子を共有している個体の集団ですから、生物学的には当たり前の現象です。もちろん、このような行為を好まない方は多いと思いますが、このくらいのことができなければ生き残れなかった時代もあったのかもしれません。

もう少し視野を広げて、私たち一人ひとりの個体に自然に生まれる欲求(実は遺伝子プログラムによって生ずる衝動)を、自己保存という観点から解釈してみましょう。

まずは、俗にいう食欲と睡眠欲です。これらは、明らかに個体の自己保存に有用な欲求でしょう。食事も睡眠もしっかりとらなければ、生命を保てません。

次に、性欲と権力欲・支配欲はというと、これらは集団の自己保存になくてはならない欲求でしょう。性欲がなければ子孫が途絶え、権力欲・支配欲がなければ集団のまとまりがなくなるかもしれません。知識欲にしても、個体や集団の自己保存に関係していることは間違いありません。

ヒトはこれらの欲求が満たされると、快感を得ることができます。もしもこうした欲求を満たしても快感が得られず、これらを満たそうというモチベーションが湧き起こらなかったとしたら、人類は繁栄しないで絶滅していたかもしれません。

欲求を別の角度から見た、いわゆる「愛」という感情も、自己保存の観点から同じように解釈することができます。代表例は、男女間の愛や親子間の愛です。これらの愛がなかったなら、子孫も生まれなければ、生まれた子どもを育てることもないでしょう。

狩猟や農耕、工業生産などの協力しなければ成し遂げられないような社会的行動を共にする集団（狩猟仲間、会社、学校、国家など）内でのメンバー（個体）間に見られる友情（同胞愛）や忠誠心（同胞愛の変形）は、集団の自己保存に有用です。さらに、単に言語や宗教、思考傾向などを共有する民族など、文化的な集団においても同じような同胞愛が生ずるようですが、これも生物の特性である自己保存の延長線上にあるのかもしれません。

こうした欲求や愛といった感情はいいのですが、問題は、さまざまな集団の間に起こる排斥的行動、差別、闘争、戦争なども、この自己保存という生物の基本的な特性の延長線上にあるのかもしれない、ということです。もしそうであるならば、生物にとって当然の行動・現象なのですから、容易にはなくなりません。

差別なき世界が訪れるのは、人類共通の敵が現れたときしかないのか

何も手を打たずに、これまでどおりに生物がもともともっている自己保存という特性に任せれば、すでに一部で起きているような集団間の差別や戦争は、いつまで経ってもなくならないでしょう。

差別や戦争が生じる主なきっかけとなるのが、「違い」です。しかし、すでに紹介したように、私たちホモ・サピエンスの姿かたち・顔かたちは、さまざまな環境に適応すること

によって必然的につくられてきた、つまりは、良し悪しや優劣といった価値観とは無関係に、ただ単に自然の淘汰の過程を経て形成されてきた可能性が高いことがわかっています。

このことは、生物学的な外見の違いによって差別することがいかに無意味か、ということを示す証拠でもあります。

手元にある国語辞典で「差別」という言葉を引くと、意味の一つに「正当な理由なく劣ったものとして不当に扱うこと」とあります。ある集団とある集団で外見に違いがあるとき、その違いはどこから生まれたのかというと、単にそれぞれの祖先の環境の違いに応じて出現・淘汰・定着したものにすぎません。何度もの繰り返しになりますが、決して優劣による違いではないのです。

集団の生物学的な違いによる「区別」と、社会における「差別」はしっかり分けなければなりません。

SF小説のように、人類共通の敵、たとえば悪意をもって地球を占領しようとする宇宙人が襲来してきたならば、きっと人類は一致団結して戦うのでしょう。図らずも、人類という一つの生物集団になれるからです。その場合と同じように、お互いに相手を仲間だと思えば配慮もし、助け合いもし、差別もなくなるのではないでしょうか。

しかし、言うは易しで、現実はなかなか難しいのかもしれません。

現に今、地球規模での環境破壊に瀕し、「持続可能な世界を」と一部では声高に環境保護が叫ばれているにもかかわらず、集団間（国家間）の利害関係のため足並みは揃いません。これも、自己保存という生物の特性に基づいた行動だと解釈することができます。ここまで考え至った私たちにもかかわらず、一人ひとりが意識的に考え、行動を見直さなければ、つまり生来的な遺伝子プログラムに盲目的に従うだけであれば、不当な差別をなくすことも環境保護も成し得ないでしょう。

すでに述べたとおり、ヒトは、個体の体の各部分を直接変化させるという方法ではなく、脳を発達させることで発明した道具を使って自然環境に適応し、進化してきました。ところが、この脳の発達によって、今や、自分たち自身も含めた生態系全体にも影響力をもつ存在になってきています。また、私たち一人ひとりの個体が単なる遺伝子の乗り物であっても、その遺伝子さえも改変することが可能な、知識と技術を手に入れました。

生殺与奪の権を握ってしまった私たち個体は、どうふるまうべきでしょうか――。

今この時点で、ヒトが、どのレベルの生物を存続させるのか、つまりは個体を優先させるのか、集団を優先させるのか、生態系を優先させるのかということを選択できる状況にすらなりつつあります。

これまでは、たまたま多様性を温存できた人類集団のみがいろいろな環境変化のなかを生き抜いてきました。裏を返せば、この過程で、環境変化に対処できる多様性を温存できなかったいくつもの部分集団が絶滅してきたということです。

これから先も同じでいいのでしょうか。

しかし、幸いなことに私たちはさまざまに発明した道具によって、たまたまではなく、多様性を温存することができるようになってきています。たとえば、医療技術という道具も昔に比べて大変発達しました。

一つ例を挙げると、いわゆる親知らずと呼ばれる下顎の第三大臼歯が水平に生えて、その隣の第二大臼歯を押していたら、激痛が走るのはもちろん、もしも歯医者のいない時代であれば、隙間から細菌が入り込んで敗血症と呼ばれる状態になって命を落としたかもしれません。そう教えてくれたのは、大学院時代に指導教官だった埴原和郎先生でした。

ところが、歯科医療が発達した今ならば、水平に生えている親知らずを抜けば済むわけです。つまり、昔は、親知らずが水平に生えやすい遺伝子（顎の大きさや歯の大きさなどを支配する複数の遺伝子）をもっていた人は自然淘汰されたかもしれませんが、今なら、そのような遺伝子をもった人でも、医療技術というヒトのつくった道具のおかげで、生き残って子孫を残せます。

私たちは、道具を賢く使うことで、多様な遺伝子を淘汰されることなく集団に保存することができるようになってきたということです。

そういう意味では、私は、私たち人類の顔かたちはこの先、環境の許す範囲でいろいろな特徴をもつように多様に変化していくだろうと考えています。猿人、原人、新人というこれまでの進化の傾向の延長で、未来の人類の顔は、脳頭蓋に比べて顎がますます小さくなっていくという想像図を描いた研究者がいましたが、私はそうはならないだろうと思っています。

交通機関の発達によって混血もさらに進むと考えられるので、かつて人種といわれたような地域差はますますなくなり、多様でありながら境界のない一つのヒト集団が出現するのではないか、と想像しています。

もしも、現在地球上に暮らす人類がこれからも存続することを望むならば、やはり今後は、違っていることの重要性、つまりは多様性の力をこそ認識し、意識的に、違う特徴をもつ個体、違う特徴をもつ集団を仲間と認めて行動することが大切なのではないでしょうか。

8章のまとめ

脳を発達させることで進化してきた私たち人類は、
生態系全体に影響を及ぼすまでになってきた。
一人ひとりの人間、集団、生態系の未来を考えると、
自分の遺伝子のみを残そうという
プログラムされた生物としての本能だけではなく、
「多様性＝違っていること」を活かして共存することこそが
大事ではないか。

おわりに——さらなる謎に向けて

この本では、ヒトの顔が進化の過程でどのように形成され、その個体間・集団間の違いがどのような原因によって生じたのか、ということをお伝えしてきました。

これまでの研究結果を紹介しつつ得られた結論の一つが、日本人の顔も、ヨーロッパ人の顔も、アフリカ人の顔も、それぞれの地域（それぞれの祖先が暮らしてきた地域）の環境に適した、ベストな顔だということです。どちらがよくて、どちらがよくないということはまったくありません。

これは、形態という観点からヒトを長年研究してきた者として、たどり着いた一つの答えです。私たちの顔かたち、姿かたちの違いは環境に適応した結果、必然的につくられたものであり、人類学を知ることでそのことがわかれば、差別なんてなくなるのではないか、と、そう思っています。

もう一つの結論は、すでに本文に少しだけ書きましたが、人類のみならず、生物の複雑な構造が形成されてきた原因を探るには、結局は宇宙の起源の問題にまで言及せざるを得ない、というものです。生物の進化が自然淘汰説で説明されようが、中立説で説明されようが、進化を引き起こす原因は環境（地球上のものも含む宇宙内のすべて）の変化です。でも、一体、この環境はなぜ変化するのでしょうか。

私は物理学者ではありませんので、詳細はよくわかりませんが、私の知る限りでは、「なぜ進化（変化）が起きなければならないのか」ということに対する見解を表明している人はこれまでに二人しかいません。宇宙物理学者の杉本大一郎と物理学者のM・ゲルマンです。

そもそもなぜ（どのように、ではなく、なぜ）放っておくと乱雑化に向かう（形あるものはすべて壊れるというような傾向をもつ）はずの世界に、自己組織化（いくつかの物質がある条件下に存在していると、それらの相互作用によって自然に秩序や構造が生まれる現象）する生物のようなシステム（体系）が生じたのか、という問題（生命の起源の問題）があります。さらに、なぜ生物の進化（特に、単純な構造から複雑な秩序ある構造へ変わる変化）が起き、なぜ今も続いているのか、という問題もあります。

これに対して、杉本大一郎は１９８７年、進化によって複雑な生物構造が出現してくるのは、宇宙内部の非可逆過程に比べて宇宙膨張の速さのほうがずっと大きかったため、と言いました。また、Ｍ・ゲルマンは１９９７年、そもそも熱力学の第二法則（自然に任せておくと無秩序な方向に進むというエントロピー増大の原理）が成立しているのは宇宙がまだ非常に若いから、という考え方を提出しています。

これらの考え方はいずれも、宇宙が無からはじまったとする、いわゆるビッグバン宇宙論に基づいていますが、では、なぜ宇宙が、なぜ時間や空間やエネルギー（物質）が生じなければならなかったのか、という問題は謎のままです。

そもそも、「はじまり」とか「無」という概念を宇宙には適用できないのかもしれません。もしかすると、初めから（ここで「初め」と書くのは矛盾しているみたいですが）４次元の時空間にすべての因果過程が存在しているのかもしれません。偶然はなく、万物は絶えず生まれ変わり変化し続けるという生物変異の生々流転の推移も、初めから存在しているのかもしれません。ちょうど３次元空間のなかの球の表面のように、有限でありながら連続な（無限な）状態が4次元の時空間にもあれば、そのようなこともあり得ます。こうなると、あらゆる出来事は何らかの原因によって予め決められているという、いわゆる決定論にも正当性があることになります。

しかし、量子力学に確率の概念を導入したW・K・ハイゼンベルクの不確定性原理によれば、電子のような粒子の位置と運動量は同時に知ることができません。つまり、物事の生起はそのときにならないとわからない、過去と現在の事象に基づいて未来を予測することはできない、という話です。

しかし、我々の生活している現実の世界（巨視的世界）では、このハイゼンベルクの不確定性原理に基づく量子力学の各種理論が実際に妥当なように見えますが、理論物理学者のG・トフーフトは、プランクスケール（分子や原子、原子核よりもっともっと小さな極微の世界の尺度）の世界ではスイッチのオン・オフのような形で決定論的に物事が進んでいる可能性がある、と述べています。

我々の顔かたちの形成要因、ひいては人類も含む生物の進化の原因を探るには、どうしてもこのような物理学的な問題を解明しなければならないのですが、今の私には手に負えません。もし、私が消える前に解明されれば嬉しいのですが……。

末筆ながら、本書の執筆を熱心に勧めて下さり、かつ、私の生硬な原稿に対して厳しくも的確なコメントを下さった山と溪谷社実用図書出版部の高倉眞氏に厚く御礼申し上げます。また、軽やかな文体にリライトして下さったライターの橋口佐紀子氏にも深く感謝します。

二〇二一年一月　湯河原にて

溝口優司

参考文献

巌佐 庸（１９８１）『生物の適応戦略』サイエンス社、東京

Kanzawa-Kiriyama, H., et al.（２０１９）Late Jomon male and female genome sequences from the Funadomari site in Hokkaido, Japan. Anthropological Science, 127: 83-108.

倉谷 滋（１９９７）『かたちの進化の設計図』岩波書店、東京

河野礼子ほか（２０１８）「３次元デジタル復元に基づく白保４号頭蓋形態の予備的分析と顔貌の復元」Anthropological Science (Japanese Series), 126: 15-36.

コックス、B.ほか（１９９３）『恐竜・絶滅動物図鑑』大日本絵画、東京

篠田謙一（２０１９）『新版 日本人になった祖先たち――ＤＮＡが解明する多元的構造』ＮＨＫ出版、東京

Suzuki, H.（１９８２）Skulls of the Minatogawa man. University Museum, The University of Tokyo Bulletin, 19: 7-49.

土肥直美（２０１８）『沖縄骨語り―人類学が迫る沖縄人のルーツ』琉球新報社、沖縄

ドーキンス、R.（２０１８）『利己的な遺伝子 40周年記念版』紀伊國屋書店、東京

中橋孝博（１９８７）「福岡市天福寺出土の江戸時代人頭骨」人類学雑誌、95: 89-106.

ハウエル、C.（１９７０）『原始人（ライフ大自然シリーズ11）』タイム ライフ インターナショナル、東京

長谷川真理子（1993）『オスとメス＝性の不思議』講談社、東京

ボルク、L.（1926）『人類生成の諸問題』（田隅本生訳、1963、個人出版）

マクマナス、C.（2006）『非対称の起源（ブルーバックス）』講談社、東京

溝口優司（2000）『頭蓋の形態変異』勉誠出版、東京

溝口優司（2011）『アフリカで誕生した人類が日本人になるまで』ソフトバンク・クリエイティブ、東京

溝口優司（2018）「我々の種における形態変異の限界と規則性 —— 頭蓋顔面計測値と環境要因の間の生態学的相関」https://www.ne.jp/asahi/mzgchspace/prsnlpub/paper01.html.

モリス、D.（1969）『裸のサル』河出書房新社、東京

モリス、D.（1980）『マンウォッチング』小学館、東京

安井金也・窪川かおる（2005）『ナメクジウオ』東京大学出版会、東京

山口真美（2004）『顔と発達』竹原卓真・野村理朗編著『「顔」研究の最前線』所収。13-38頁。北大路書房、京都

Yokoyama, T., et al.（1993）Reversal of left-right asymmetry: A situs inversus mutation. Science, 260: 679-682.

Liu, F., et al.（2012）A genome-wide association study identifies five loci influencing facial morphology in Europeans. PLoS Genetics, 8: 1-13.

溝口優司（みぞぐち ゆうじ）

1949年、富山県生まれ。国立科学博物館前人類研究部長、理学博士。

1973年、富山大学文理学部卒業。

1976年、東京大学大学院理学系研究科中退／国立科学博物館人類研究部研究官。

2009年、人類研究部長、2014年より名誉研究員。

『Shovelling: A Statistical Analysis of Its Morphology』(東京大学出版会)、『「日本人の起源—形質人類学からのアプローチ」新版古代の日本1: 古代史総論』(角川書店)、『頭蓋の形態変異』(勉誠出版)、『アフリカで誕生した人類が日本人になるまで』（SBクリエイティブ）など著書多数。

編集：高倉 眞　橋口佐紀子　／　デザイン：snowfall
／　イラスト：溝口優司　ヨシイアコ
／　校正：中井しのぶ　／　写真：amanaimages

私の顔はどうしてこうなのか　骨から読み解く日本人のルーツ

2021年3月1日　初版第1刷発行

著者　溝口優司
発行人　川崎深雪
発行所　株式会社 山と溪谷社
〒101-0051 東京都千代田区神田神保町1丁目105番地
https://www.yamakei.co.jp/
印刷・製本　大日本印刷株式会社

◆乱丁・落丁のお問合せ先
山と溪谷社自動応答サービス　電話 03-6837-5018
受付時間／10:00～12:00、13:00～17:30 （土日、祝日を除く）

◆内容に関するお問合せ先
山と溪谷社　電話 03-6744-1900（代表）

◆書店・取次様からのお問合せ先
山と溪谷社 受注センター　電話 03-6744-1919　FAX 03-6744-1927

　ISBN 978-4-635-13013-4